智能网联汽车技术

主　编　王继红　王建锋

副主编　冯世杰　段红艳

参　编　史腾飞　李家鹏　王　磊　陈　真

西北工业大学出版社

西安

【内容简介】 本书采用理实一体化编写模式,内容包括智能网联汽车技术认知、环境感知传感器检查与标定、高精度地图及定位测试、智能决策与路径规划测试、底盘线控系统调试、高级驾驶辅助系统检测、汽车智能座舱检查与测试、智能网联汽车整车检查与维护等八个项目。本书配套有活页式实训工单,工单任务目标明确。对接企业装调与测试岗位核心技能需求,融入"1+X"证书考核和大赛技能要点,每个实训项目涵盖任务导入、任务目标、任务咨询、任务实施、任务评价、任务小结、实训工单七个部分,形成理虚实一体化的学习模式。

本书内容新颖、知识面广、重点难点突出。本书可以作为职业院校及应用型本科院校智能网联汽车技术专业及相关汽车类的教学用书,作为"1+X"职业技能等级证书的培训教材,也可作为汽车爱好者的自学资料。

图书在版编目(CIP)数据

智能网联汽车技术 / 王继红,王建锋主编. -- 西安:
西北工业大学出版社,2024.10. -- ISBN 978 - 7 - 5612
- 9470 - 3

Ⅰ. U463.67

中国国家版本馆 CIP 数据核字第 2024TE5289 号

ZHINENG WANGLIAN QICHE JISHU
智 能 网 联 汽 车 技 术
王继红 王建锋 主编

责任编辑:付高明	策划编辑:孙显章	
责任校对:李阿盟	装帧设计:高永斌 董晓伟	

出版发行:西北工业大学出版社
通信地址:西安市友谊西路 127 号   邮编:710072
电   话:(029)88493844,88491757
网   址:www.nwpup.com
印 刷 者:西安五星印刷有限公司
开   本:787 mm×1 092 mm   1/16
印   张:15.125
字   数:314 千字
版   次:2024 年 10 月第 1 版   2024 年 10 月第 1 次印刷
书   号:ISBN 978 - 7 - 5612 - 9470 - 3
定   价:58.00 元

随着"中国制造2025""互联网＋""坚持汽车电动化、网联化、智能化发展"等国家战略实施,智能网联汽车作为新兴产业,学科融合、软硬兼备的新型汽车人才已成为汽车领域人才培养的主要目标。本书的出版将弥补目前智能网联汽车教学资源的不足,对职业院校智能网联汽车技术专业的教学开展与专业建设提供有力的支持,满足智能网联汽车市场对智能网联汽车人才的需求。

本书从项目入手,岗课赛证融通,全面系统地介绍了智能网联汽车技术。全书共分为八个项目,项目一介绍了智能网联汽车的发展、体系架构和关键技术;项目二介绍了车载雷达和视觉传感器的检查、拆装与标定;项目三介绍了高精度地图采集、高精度定位系统、即时定位与地图构建技术;项目四介绍了智能决策认知、路径规划算法执行、智能决策与路径规划仿真;项目五介绍了底盘线控系统认知,驱动系统、制动系统、转向系统和悬架系统调试;项目六介绍了高级驾驶辅助系统认知,自适应巡航控制系统、自动紧急制动系统、车道保持辅助系统与智能泊车辅助系统检测;项目七介绍了智能座舱认知、智能座舱系统的检查与测试、智能网联汽车信息交互系统;项目八介绍了外观及座舱、前机舱、底盘检查与维护。本书配套有活页式实训工单,根据人才培养方案和课程标准,对接装调与测试岗位核心技能需求,融入"1＋X"证书考核和大赛技能要点,每个实训项目涵盖任务导入、任务目标、任务咨询、任务实施、任务评价、任务小结、实训工单七个部分,形成理虚实一体化的学习模式。

本书由郑州职业技术学院王继红、王建锋任主编,其中项目一和项目二由王继红编写,项目三、项目七和项目八的任务一由冯世杰编写,项目五和项目八的任务二、任务三由段红艳编写,项目四由史腾飞编写,项目六由王建锋编写,中德诺浩(北京)教育科技股份有限公司技术经理李家鹏先生进行了智能网联汽车1+X职业技能等级证书考核实训资料的整理,深圳风向标教育资源股份有限公司智能网联事业部总监王磊先生进行了智能网联汽车技术赛项有关资料的整理,河南冠合汽车服务有限公司技术总监陈真先生编写了岗位典型案例分析并协助主编完成实训资料的整理。

在编写本书过程中,笔者引用了一些网上资料、图片及参考文献中的部分内容,特向其作者表示深深的谢意。

由于智能网联汽车是一个新技术和产业的结合体,加之笔者水平有限,书中难免有疏漏之处,恳盼读者批评指正。

为方便教学,本书对应电子课件、视频、习题等教学资源,可登录 https://mooc. icve. com. cn/cms/courseDetails/index. htm? classld = d21dd8f74e35 4d79a8a47b0c25 ca7e82 学习。

编 者

2024 年 6 月

目 录
CONTENTS

项目一　智能网联汽车技术认知

▶任务一　智能网联汽车的发展

一、任务导入

智能网联汽车(Intelligent Connected Vehicle,ICV)是当今汽车工业发展的重要方向之一,实现了汽车与互联网技术相结合,实现了车辆之间和车辆与交通基础设施之间的智能互联,具有智能驾驶、车辆互联通信、智能交通管理等诸多优势,将对交通运输效率和安全性产生深远的影响。

二、任务目标

(一)知识目标

(1)掌握智能网联汽车的定义与相关术语;

(2)了解智能网联汽车的技术分级;

(3)了解智能网联汽车的发展趋势。

(二)技能目标

(1)能对车辆进行智能化分级;

(2)能够了解智能网联汽车的功能;

(3)能够熟悉我国智能网联汽车的发展背景与发展政策。

(三)素养目标

(1)鼓励学生树立学习新知识、新技术的理念;

(2)引导学生了解智能网联汽车产业发展,培养学生的爱国情怀;

(3)指导学生正确学习和处理数字信息,培养学生的数字素养。

三、任务咨询

(一)智能网联汽车的定义

当今世界正经历百年未有之大变局,新一轮科技革命和产业变革方兴未艾,智能网联汽车技术已经成为世界汽车技术发展的重要领域,智能汽车已成为全球汽车产业发展的战略方向。我国智能网联汽车的发展取得了长足进步,目前处于全球领先地位,智能网联汽车技术已经进入实际应用阶段。

那么,什么是智能网联汽车?

《国家车联网产业标准体系建设指南》指出:智能网联汽车是指搭载先进的车载传感器、控制器、执行器等装置,融合现代通信与网络技术,实现车与X(车、路、行人、云端等)智能信息交换、共享,具备复杂环境感知、智能决策、协同控制等功能,可实现车辆"安全、高效、舒适、节能"行驶,并最终可实现替代人来操作的新一代汽车。智能网联汽车的最终目标是无人驾驶,如图1-1所示。

图1-1 智能网联汽车

(二)智能网联汽车的相关术语

1. 智能汽车

智能汽车(Intelligent Vehicle)主要侧重于单车智能,依靠车辆自身搭载的各类传感器来对周围环境进行感知,并通过车载控制器进行决策和控制,实现自动驾驶。这种汽车能够利用环境感知、规划决策、多等级辅助驾驶等功能,提高汽车的安全性、舒适性,以及提供优良的人车交互界面。

2.无人驾驶汽车

无人驾驶汽车是通过车载环境感知系统,感知道路环境、自动规划和识别行车路线并控制车辆到达预定目标的智能汽车。它是集自动控制、体系结构、人工智能、视觉计算等众多技术于一体,是计算机科学、模式识别和智能控制技术高度发展的产物。

3.车联网

车联网(Internet of Vehicle,IOV)是以车内网、车际网和车载移动互联网为基础,按照约定的体系架构及其通信协议和数据交互标准,实现 V2X[V 代表汽车,X 代表车(V)、路(R)、行人(P)、网络(N)、应用平台或基础设施(I)及大数据云端(C)等]无线通信和信息交换,以实现智能化交通管理、智能动态信息服务和车辆智能化控制的一体化网络,是物联网技术在智能交通系统领域的延伸,如图 1-2 所示。

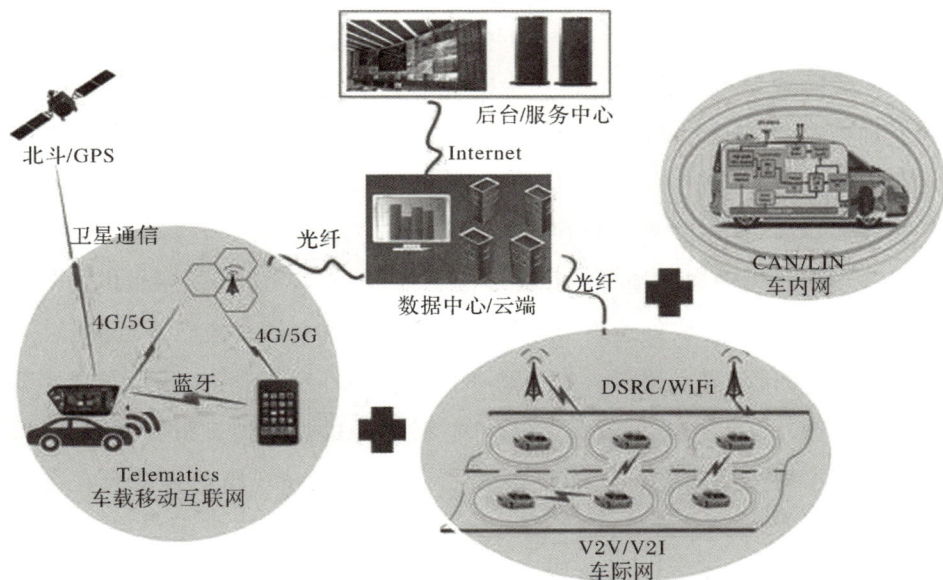

图 1-2 车联网应用

IOV 是智能交通系统与互联网技术发展的融合产物,是智能交通系统的重要组成部分,目前主要停留在导航系统、电话系统、娱乐系统、自检测系统等基础阶段,在信息安全和节能减排等方面还有待开发。

4.智能交通系统

智能交通系统(Intelligent Traffic System,ITS)是未来交通系统的发展方向,它是将先进的信息技术、计算机处理技术、数据通信技术、传感器技术、电子控制技术、运筹学、人工智能等有效地集成运用于整个地面交通管理系统而建立的一种在大范围内全方位发挥作用的,实时、准确、高效的综合交通运输管理系统。智能交通系统是随着车联网技术的发展而不断发展的,车联网的终极目标是智能交通系统。

智能网联汽车的相关术语间的关系如图1-3所示。

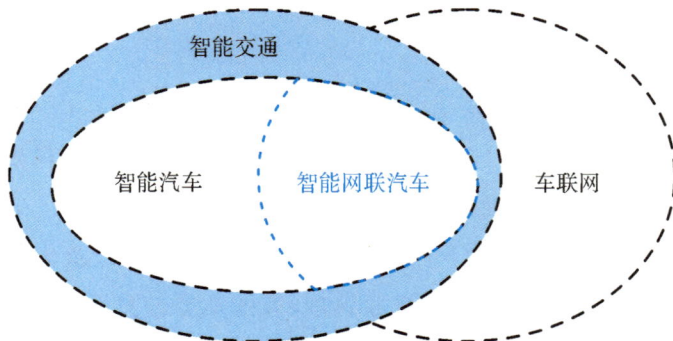

图1-3　智能网联汽车相关术语间关系

(三)智能网联汽车的分级

根据我国2020年11月《智能网联汽车技术路线图》的解释,智能网联汽车具有两个层面含义:一是智能化,二是网联化。

在智能化层面,汽车配备了多种传感器(车载摄像头、超声波雷达、毫米波雷达、激光雷达),实现对车辆周围环境的自主感知。通过一系列传感器信息识别和决策操作,汽车按照预定控制算法的速度与预设定交通路线规划的寻径轨迹行驶。

在网联化层面,车辆采用新一代移动通信技术(LTE - V、5G等),实现车辆位置信息、车速信息、外部信息等车辆信息之间的交互,并由控制器进行计算,通过决策模块计算后控制车辆按照预先设定的指令行驶,进一步增强车辆的智能化程度和自动驾驶能力。

其中:智能化是关键,体现在软件上;网联化是条件,汽车的终端在互联网。

"汽车"是智能终端载体的形态,可以是燃油汽车,也可以是新能源汽车,未来以新能源汽车为主。

智能网联汽车是未来汽车发展的趋势,其分类主要基于自动驾驶技术的不同级别来进行。

1.国外对自动驾驶的分级

(1)美国的分级方法。美国国家高速公路交通安全管理局(NHTSA)和美国汽车工程师协会(SAE)对汽车自动驾驶进行了等级划分,见表1-1。

表 1-1 美国 SAE 的分级方法

等级分级	L0	L1	L2	L3	L4	L5
等级名称	无自动驾驶	辅助驾驶	部分自动驾驶	有条件自动驾驶	高度自动驾驶	完全自动驾驶
内容描述	由驾驶员全权驾驶汽车,在行驶过程中可以得到警告	通过驾驶环境对转向盘和加减速中的一项操作提供支持,其余由驾驶员操作	通过驾驶环境对转向盘和加减速中的多项操作提供支持,其余由驾驶员操作	由无人驾驶系统完成所有的驾驶操作,根据系统要求,驾驶员提供适当的应答	由无人驾驶系统完成所有的驾驶操作。根据系统要求,驾驶员不一定提供所有的应答;限定道路和环境条件	由无人驾驶系统完成所有的驾驶操作。可能的情况下,驾驶员接管;不限定道路和环境条件
驾驶操作	驾驶员	驾驶员/辅助系统	自动驾驶系统			
环境监控	驾驶员			自动驾驶系统		
异常接管	驾驶员			系统提醒驾驶员	自动驾驶系统	
操作场景	无	部分				全部

(2)德国博世(Bosch)公司对自动驾驶的分级方法如图 1-4 所示。

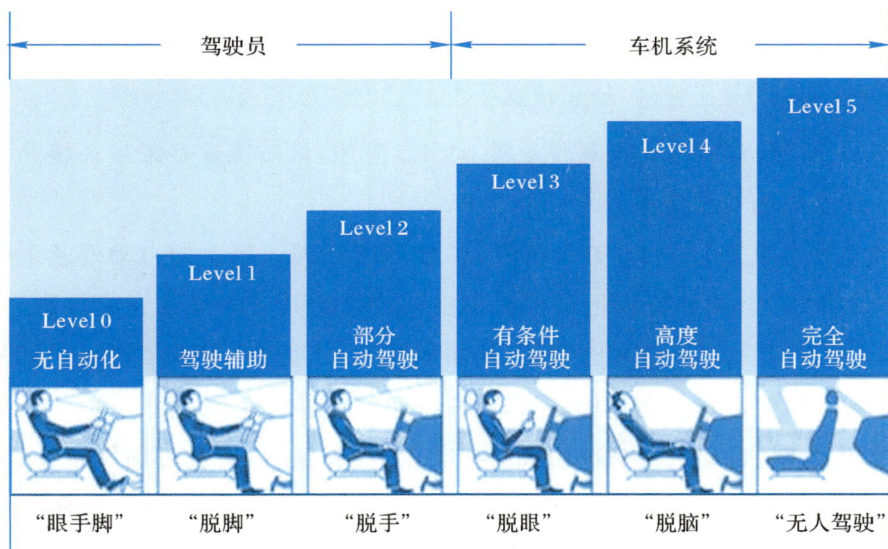

图 1-4 德国博世公司对自动驾驶的分级方法

1)Level 0(无自动驾驶,L0)。汽车的驾控主体为驾驶员,车机系统不介入车辆操控。

2)Level 1(驾驶辅助,L1)。汽车的驾控主体为驾驶人和车机系统,驾驶员可以"脱脚",只需要用眼睛观察道路情况、双手控制方向即可。在限定道路和环境条件下,汽车具有一个或多个特殊自动控制功能,例如 ACC 控制系统、LKA 系统等,但感知接管、监控干预仍需驾驶人完成。

3）Level 2（部分自动驾驶，L2）。汽车的驾控主体为驾驶员和车机系统，在驾驶员"脱脚"的基础上，进一步"脱手"，加速、制动和转向全部由自动驾驶系统完成。在限定道路和环境条件下，驾驶员必须监视道路情况，随时准备控制车辆，而且以驾驶员驾驶为主，自动驾驶为辅。

4）Level 3（有条件自动驾驶，L3）。汽车的驾控主体为车机系统，在限定道路和环境条件下，驾驶员不需时常监视道路，即"脱眼"。这个级别以自动驾驶为主，驾驶员驾驶为辅。在一些复杂的情况下，仍然需要驾驶员去接管、控制车辆。

5）Level 4（高度自动驾驶，L4）。汽车的驾控主体为车机系统，在限定道路和环境条件下，汽车能够自动执行完整的动态驾驶任务和动态驾驶任务支援，特定环境下系统会向驾驶人提出响应请求，驾驶人无须对系统请求作出回应。在这个级别，驾驶员可以在车上去做一些其他事情，不用担心车辆的行驶状况，即"脱脑"。

6）Level 5（完全自动驾驶，L5）。汽车的驾控主体为车机系统，在任何道路和环境条件下，车机系统完全自动控制车辆，乘坐人员只需输入目的地，系统自动规划路线，检测道路环境，最终到达目的地。这个级别为完全自动驾驶，不需要驾驶员，甚至不需要乘客，车辆也能独自、安全地完成驾驶。

（3）无人驾驶、自动驾驶、智能驾驶。

在 SAE 分级标准中，无人驾驶专指 L4、L5 阶段，汽车能够在限定环境乃至全部环境下完成全部的驾驶任务。

自动驾驶则覆盖 L1～L5 整个阶段，在 L1、L2 阶段。汽车的自动驾驶系统只作为驾驶员的辅助，但能够持续地承担汽车横向或纵向某一方面的自主控制，完成感知、决策与控制、执行这一完整过程，其他如预警提示、短暂干预的驾驶技术如先进驾驶辅助技术不能完成这一完整的流程，不在自动驾驶技术范围之内。

从事故发生时的责任主体来分析，在 L0～L2 级别中，驾驶员须直接操控车辆，因此事故责任归咎于驾驶员。如果达到 L3 级别，自动驾驶系统将完全接管行驶过程，驾驶员不再对车辆进行任何直接操作。此时事故责任的主体则转为自动驾驶系统。值得注意的是，在当前法律法规框架下，不论车辆采用何种级别或类型的自动驾驶技术，驾驶员仍然是事故责任主体。

智能驾驶包括自动驾驶以及其他辅助驾驶技术。它们能够在某一环节为驾驶员提供辅助甚至能够替代驾驶员，优化驾车体验。

从智能驾驶、自动驾驶，到无人驾驶，技术层层递进，内涵层层缩小。

2.我国对智能网联汽车的分级

我国将智能网联汽车划分为智能化和网联化两大关键技术领域。智能化侧重于单车智能,主要聚焦于汽车自主获取信息、自主决策以及自动控制的能力,而网联化则侧重于汽车与人类、其他车辆、道路以及云端(后台)之间通过通信和网络技术实现高效的信息交换。智能网联汽车的终极目标是实现高度自动化或无人驾驶,从而为驾乘者带来更为安全、舒适和高效的出行体验。

我国分别从智能化和网联化的两大领域,对智能网联汽车进行精细分级。在智能化方面,分级主要依据车辆自主获取信息、自主决策以及自动控制的能力;而在网联化层面,则着重考虑汽车与人、车、路、云端等之间通过通信和网络技术实现信息交换的广度和深度。

(1)智能化分级。我国从智能化视角将智能网联汽车划分为 5 个等级。1 级为驾驶辅助(DA),2 级为部分自动驾驶(PA),3 级为有条件自动驾驶(CA),4 级为高度自动驾驶(HA),5 级为完全自动驾驶(FA),见表 1-2。

表 1-2 我国智能网联汽车智能化分级

等级	等级名称	等级定义	控 制	监 视	失效应对	典型工况
人(驾驶员)监控驾驶环境						
1	驾驶辅助(DA)	通过环境信息对方向和加减速中的一项操作提供支援,其他驾驶操作都由人进行	人与系统	人	人	车道内正常行驶,高速公路无车道干涉路段,泊车工况
2	部分自动驾驶(PA)	通过环境信息对方向和加减速中的多项操作提供支援,其他驾驶操作都由人进行	人与系统	人	人	高速公路及市区无车道干涉路段,换道、环岛绕行、拥堵跟车等工况
系统(自动驾驶系统)监控驾驶环境						
3	有条件自动驾驶(CA)	由无人驾驶系统完成所有驾驶操作,根据系统请求,驾驶员需要提供适当的干预	系统	系统	人	高速公路正常行驶工况、市区无车道干涉路段
4	高度自动驾驶(HA)	由无人驾驶系统完成所有驾驶操作,特定环境下系统会向驾驶员提出响应请求,驾驶员可以不对系统请求进行响应	系统	系统	系统	高速公路全部工况及市区有车道干涉路段

续表

等级	等级名称	等级定义	控 制	监 视	失效应对	典型工况
5	完全自动驾驶（FA）	无人驾驶系统可以完成驾驶员能够完成的所有道路环境下的驾驶操作	系统	系统	系统	所有工况

（2）网联化分级。从网联化视角,智能网联汽车分为网联辅助信息交互、网联协同感知、网联协同决策与控制 3 个等级,见表 1-3。

表 1-3   我国智能网联汽车网联化分级

等　级	等级名称	等级定义	控　制	典型信息	传输需求
1	网联辅助信息交互	基于车-路、车-后台通信,实现导航等辅助信息的获取,以及车辆行驶与驾驶员操作等数据的上传	人	地图、交通流量、交通标志、油耗、里程等信息	传输实时性、可靠性要求较低
2	网联协同感知	基于车-车、车-路、车-人、车-后台通信,实时获取车辆周边交通环境信息,与车载传感器的感知信息融合,作为车辆自动驾驶决策与控制系统的输入	人与系统	周边车辆/行人/非机动车位置、信号灯相位、道路预警等信息	传输实时性、可靠性要求较高
3	网联协同决策与控制	基于车-车、车-路、车-人、车-后台通信,实时并可靠获取车辆周边交通环境信息及车辆决策信息,车-车、车-路等交通参与者之间信息进行交互融合,形成车-车、车-路等各交通参与者之间的协同决策与控制	人与系统	车-车、车-路间的协同控制信息	传输实时性、可靠性要求最高

(四)智能网联汽车的发展

1. 国外智能网联汽车的发展

（1）美国。2013 年,美国国家公路交通安全管理局就发布了《关于自动驾驶仪车辆控制政策的初步意见》,并制定了支持自动驾驶技术发展和推广的自动驾驶考试标准。

2016 年 9 月,为有效利用技术变化提供指导,美国交通部发布了一项《联邦自动驾驶汽车政策》,为自动驾驶安全部署提供政策监管框架。

2017 年 9 月,美国交通部发布了一项车辆升级与驾驶政策《自动驾驶系统——安全愿景 2.0》,该政策不仅被业界视为自动驾驶汽车发展的指导方针,而且代表了联邦政府对自动驾驶的态度。

2017年9月,美国众议院一致通过了《自动驾驶法案(SELF DRIVE ACT,H. R. 3388)》。自动驾驶法案极大地促进了自动驾驶汽车技术的发展。

(2)法国。2014年,法国就公布了自动驾驶汽车的路线图。法国政府将在未来三年投资1亿欧元测试自动驾驶汽车。

2016年8月,法国通过了一项法令,允许对自动驾驶汽车进行道路试验,但对试验路段和试验等级有明确要求。随后,法国启动了"人工智能发展计划"和"促进增长和企业变革行动计划",以推动自动驾驶技术的发展。

(3)日本。在2017年的官民智能交通系统(ITS)构想及线路图中,日本明确了自动驾驶技术的推广计划:

2020年左右实现高速公路上的L3自动驾驶、L2自动驾驶和特定区域的L4自动驾驶。到2025年,实现高速公路上的L4自动驾驶。

2018年3月,日本政府在"未来投资会议"上提出了《自动驾驶相关制度整备大纲》,明确了L3级汽车驾驶事故责任的定义。

2018年9月,日本国土交通省正式发布《自动驾驶汽车安全技术指南》,规定了L3和L4自动驾驶汽车必须满足的安全条件。

2. 我国智能网联汽车的发展

2015年,中国将智能网联汽车列为未来十年国家智能制造发展的重要领域。

2016年,发布《中国智能网联汽车技术发展路线图》,指导汽车制造商的发展和未来的产业发展。

2017年,新一代人工智能发展规划进一步明确了自动驾驶技术自主应用的战略目标。

2018年1月,国家发展改革委发布了《智能汽车创新发展战略》计划。

2018年5月,工业和信息化部、公安部、交通运输部联合发布了《智能网联汽车道路测试管理规范(试行)》,批准了全国20个智能网联汽车测试示范区。

我国智能网联汽车(ICV)大致有四个发展阶段,即先进驾驶辅助系统(ADAS)、网联式驾驶辅助、人机共驾、高度自动/无人驾驶。

(1)先进驾驶辅助系统。其指依靠车载传感系统进行环境感知并对驾驶人进行驾驶操作辅助的系统(广义上也包括网联式驾驶辅助系统),目前已经得到大规模产业化发展。主要可分为预警系统与控制系统两类。

预警系统:包括正面碰撞预警系统(FCWS)、车道偏离预警系统(LDWS)、盲区预警系统(BSW)、驾驶员疲劳预警系统(DFM)、全景观测系统(MVCS)、胎压监测系统(TPMS)等。

控制系统:包括车道保持辅助(LKA)系统、自动泊车辅助(APA)系统、自动紧急制动(AEB)系统、自适应巡航控制(ACC)系统等。

(2)网联式驾驶辅助系统。其指依靠信息通信技术(ICT)对车辆周边环境进行感知,并可对周围车辆未来运动进行预测,进而对驾驶人进行驾驶操作辅助的系统。通过现代通信与网络技术,汽车、道路、行人等交通参与者都已经不再是孤岛,而是成了智能交通系统中的信息节点。其典型技术包括 LTE-V 和 5G 系统。

(3)人机共驾。其指驾驶人和智能系统分享车辆控制权,人机一体化协同完成驾驶任务。与一般的驾驶辅助系统相比,共驾型智能汽车由于人机同为控制实体,双方受控对象交联耦合,状态转移相互制约,具有双环并行的控制结构,因此要求系统具备更高的智能化水平。系统不仅可以识别驾驶人的意图,而且能达到相同的驾驶决策速度,增强驾驶人的操纵能力,降低驾驶员操作负荷。

(4)高度自动/无人驾驶。驾驶人不需要介入车辆操作,车辆将会自动完成所有工况下的自动驾驶。其中在高度自动驾驶阶段,车辆在遇到无法处理的驾驶工况时,会提示驾驶人是否接管,如驾驶人不接管,车辆会采取如靠边停车等保守处理模式,保证安全。在无人驾驶阶段,车辆中可能已没有驾驶人,无人驾驶系统需要处理所有驾驶工况,并保证安全。

(五)智能网联汽车的发展趋势

随着人工智能、5G 通信、大数据等技术的飞速发展,智能网联汽车(ICV)正在成为全球汽车行业的焦点。特别是在中国,部分车企已获得了进入智能网联汽车准入和上路通行试点的许可。《中国制造 2025》战略明确提出要发展智能网联汽车,提升汽车产业的整体竞争力;《交通强国建设纲要》《新一代人工智能发展规划》等政策文件也对智能网联汽车的发展方向和目标进行了规划。目前智能网联汽车有车载先进传感器加速向低成本、小型化发展,以自主学习为代表的人工智能技术快速发展和应用,车辆控制技术集中化、智能化,自主式与网联式智能技术加速融合,智能新技术将助推智能网联汽车快速发展等方面的发展趋势。

1. 车载先进传感器加速向低成本、小型化发展

77 GHz 或 79 GHz 毫米波雷达将取代 24 GHz 毫米波雷达,天线尺寸更小、角分辨率更高、芯片材料将向着互补金属氧化物材料发展;激光雷达将向着固态激光雷达、更高的探测距离和分辨率、更小的尺寸和更低的成本发展;视觉传感器将沿着深度学习的技术路线,向模块化、可扩展、全天候方向发展。

2. 以自主学习为代表的人工智能技术快速发展和应用

人工智能技术向着自主学习方向发展;人工智能算法芯片,将会对软硬件进行深度整合,使其拥有超强的计算能力、更小的体积、更低的功耗,算法处理速率将会大幅提升。

3. 车辆控制技术集中化、智能化

整车电子电气架构将向着跨域和车辆集中式电子架构发展,应用先进算法的集中控制单元;车辆控制算法向智能控制方法转变。

4.自主式与网联式智能技术加速融合

网联式系统能从时间和空间维度突破自主式系统对于车辆周边环境的感知能力。网联式与自主式智能技术相辅相成，互为补充，正在加速融合发展。

5.智能新技术将助推智能网联汽车快速发展

人工智能中的深度学习、语义分割、边缘计算和大数据、云计算、5G以及边缘端、云端等新技术在智能网联汽车中的应用将不断深入，助推智能网联汽车快速发展。

(六)智能网联汽车的功能

智能网联汽车具备如下五大功能：空中升级、安全提醒、车辆维修、紧急救援和个性化定制。

四、任务实施

(一)任务描述

收集和整理国内外主流汽车品牌和车型的智能化和网联化信息，分析智能化和网联化在各品牌和车型中的差异，总结智能网联汽车发展现状。

(二)任务步骤

(1)数据收集。确定需要统计的汽车品牌和车型范围，包括国内外知名品牌和热门车型。利用汽车行业网站、论坛、专业评测文章、汽车厂商官方网站等渠道，收集关于智能化和网联化现状的详细信息，如高级驾驶辅助系统(ADAS)功能、智能化等级和网联化等级等。

(2)数据整理。将收集到的数据进行分类和整理，建立清晰的数据表格，包括品牌、车型、具体ADAS功能等项目。

(3)数据分析。计算智能化和网联化在不同品牌和车型中的搭载比例，对比不同区域、不同价格区间、不同级别车型的搭载差异，分析ADAS功能搭载与车辆定位、目标用户群体的关系。

(4)结果呈现。以图表和文字报告等可视化形式展示统计分析结果，对统计结果进行解读，指出智能网联汽车的发展现状与发展趋势。

五、任务小结

通过学习智能网联汽车的定义、相关术语、技术分级、发展状况等内容，对智能网联汽车有了初步认知。通过任务实施，能够对智能网联汽车进行准确分级。熟悉我国智能网联汽车发展背景与发展政策，了解智能网联汽车的发展，能帮助提高交通效率，降低交通事故率，更能对城市交通规划、环境保护、能源利用等方面产生积极的影响。

任务二　智能网联汽车体系架构与关键技术认知

一、任务导入

工业和信息化部、国家标准化管理委员会组织全国汽车标准化技术委员会及相关各方修订形成了《国家车联网产业标准体系建设指南(智能网联汽车)(2023版)》,指出2030年全面形成能够支撑实现单车智能和网联赋能协同发展的智能网联汽车标准体系。

二、任务目标

(一)知识目标

(1)掌握智能网联汽车的组成部分;

(2)了解智能网联汽车的体系架构;

(3)了解智能网联汽车新标准体系的内容及建设目标。

(二)技能目标

(1)能分析智能网联汽车各组成部分的功能;

(2)能理解智能网联汽车的技术架构;

(3)会分析智能网联汽车的关键技术发展趋势。

(三)素养目标

(1)培养学生的创新能力,鼓励学生勇于探索,敢于创新;

(2)培养学生的自信心,鼓励学生主动探索知识;

(3)培养学生的网络素养,引导学生对网络行为作出正确决策。

三、任务咨询

(一)智能网联汽车组成

智能网联汽车以汽车为主体,利用环境感知技术实现多车辆有序安全行驶,通过无线通信网络等手段为用户提供多样化信息服务。智能网联汽车由环境感知层、智能决策层以及控制和执行层组成,如图1-5所示。智能网联汽车智能驾驶的核心技术也由环境感知层、智能决策层、控制和执行层等三部分组成。

(1)环境感知层。其主要功能是通过车载环境感知技术、卫星定位技术、4G/5G及V2X无线通信技术等,实现对车辆自身属性和车辆外在属性(如道路、车辆和行人等)静、动态信息的提取和收集,并向智能决策层输送信息。

（2）智能决策层。其主要功能是接收环境感知层的信息并进行融合,对道路、车辆、行人、交通标志和交通信号等进行识别,决策分析和判断车辆驾驶模式和将要执行的操作,并向控制和执行层输送指令。

（3）控制和执行层。其主要功能是根据功能决策层的指令对车辆进行操作和协调,为车辆提供道路交通信息、安全信息、娱乐信息、救援信息等,使得车辆安全、舒适驾驶。与传统车辆比较,智能网联汽车在功能上主要增加了环境感知和定位系统、无线通信系统、车辆自组织网络系统和先进的驾驶辅助系统。

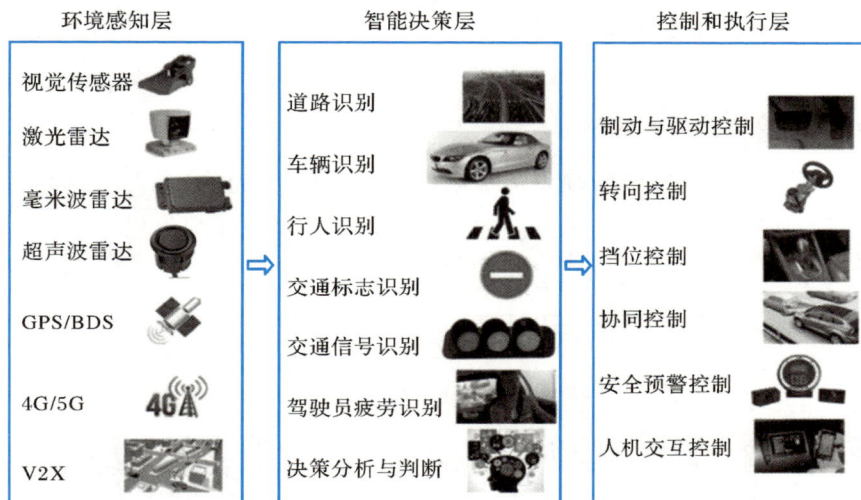

图 1-5　智能网联汽车的组成

(二)智能网联汽车的标准体系

2017 年底发布的智能网联汽车标准体系包括"基础""通用规范""产品与技术应用"以及"相关标准"4 个部分,如图 1-6 所示。

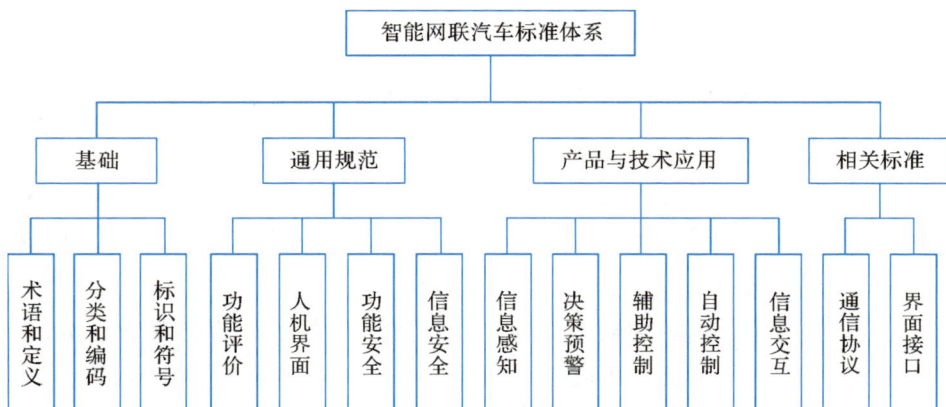

图 1-6　2017 年底发布的智能网联汽车标准体系框架

为适应我国智能网联汽车发展新阶段的新需求,充分发挥标准的引领和规范作用,进一步巩固良好发展势头,抢抓战略发展机遇,夯实后续发展基础,工业和信息化部、国家标准化管理委员会组织全国汽车标准化技术委员会及相关各方修订形成了《国家车联网产业标准体系建设指南(智能网联汽车)(2023 版)》。

1. 新标准体系建设目标

2025 年,系统形成能够支撑组合驾驶辅助和自动驾驶通用功能的智能网联汽车标准体系。

2030 年,全面形成能够支撑实现单车智能和网联赋能协同发展的智能网联汽车标准体系。

2. 2023 版新标准体系内容

智能网联汽车新标准体系规划标准涉及基础、通用规范、产品与技术应用等 3 方面,如图 1-7 所示。其中已发布、报批和已立项的标准共 53 项。

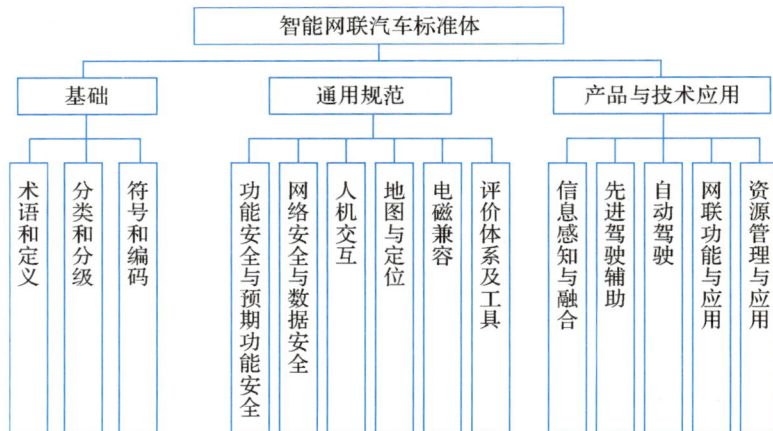

图 1-7　2023 年底发布的智能网联汽车标准体系框架

(1)基础标准。

1)术语和定义:统一智能网联汽车领域的基础通用概念。

2)分类和分级:支撑各相关方认识和理解智能网联汽车领域标准化的对象、边界以及各标准化对象之间的层级关系和内在联系。

3)符号和编码:统一智能网联汽车各类产品、技术和功能对象的标识和符号。

(2)通用规范标准。

1)功能安全与预期功能安全。功能安全包括产品层面的功能安全分析、设计开发要求、测试评价方法,以及企业层面的功能安全管理要求和审核评估方法;预期功能安全包括产品层面的预期功能安全分析、设计开发要求、测试评价方法,以及企业层面的预期功能安全管理要求和审核评估方法。

2)网络安全与数据安全。网络安全包括安全保障类与安全技术类标准;数据安全包括数据通用要求、数据安全要求、数据安全管理体系规范、数据安全共享模型和架构等标准。

3)人机交互。它包括驾驶交互标准和座舱交互标准。

4)地图与定位。它包括坐标系、车用地图、卫星定位、惯性导航和融合定位等标准。

5)电磁兼容。它包括智能网联汽车电磁兼容典型测试场景和复杂电磁环境适应性要求和试验方法等标准。

6)评价体系及工具。它包括评价及审核能力、管理及开发流程,测试设备及工具、测试场景等标准。

(3)产品与技术应用标准。

1)信息感知与融合:包括雷达与摄像头、车载信息交互终端和感知融合等标准。

2)先进驾驶辅助:包括信息辅助以及控制辅助等标准。

3)自动驾驶:包括功能规范、试验方法和关键系统等标准。

4)网联功能与应用:包括网联功能规范和网联技术应用等标准。

5)资源管理与应用:包括平台架构、车用软件和车用芯片等标准。

(三)智能网联汽车的体系架构

智能网联汽车集中运用了汽车工程、人工智能、计算机、微电子、自动控制、通信与平台等技术,是一个集环境感知、决策规划、控制执行、信息交互等于一体的高新技术综合体,拥有相互依存的价值链、技术链和产业链体系。

1.智能网联汽车的价值链

智能网联汽车(ICV)可以提供更安全、更节能、更环保、更便捷的出行方式和综合解决方案,是国际公认的新一代汽车未来发展方向和关注焦点。研究表明,在智能网联汽车的初级阶段,通过先进智能驾驶辅助技术有助于减少30%左右的交通事故,交通效率提升10%,油耗与尾气排放分别降低5%。进入智能网联汽车的终极阶段,即完全自动驾驶阶段,甚至可以完全避免交通事故,提升交通效率30%以上,并最终把人从枯燥的驾驶任务中解放出来。综上所述,智能网联汽车在提高行车安全、减轻驾驶人负担方面具有重要作用,并有助于节能环保和提高交通效率,这是智能网联汽车最吸引人的价值魅力所在。

2.智能网联汽车的技术链

智能汽车按照技术发展路径可以分为三个发展方向:网联式智能汽车(CV)、自主式智能汽车即单车智能(AV),以及前两者技术优势的融合,即智能网联汽车(CAV或ICV),如图1-8所示。

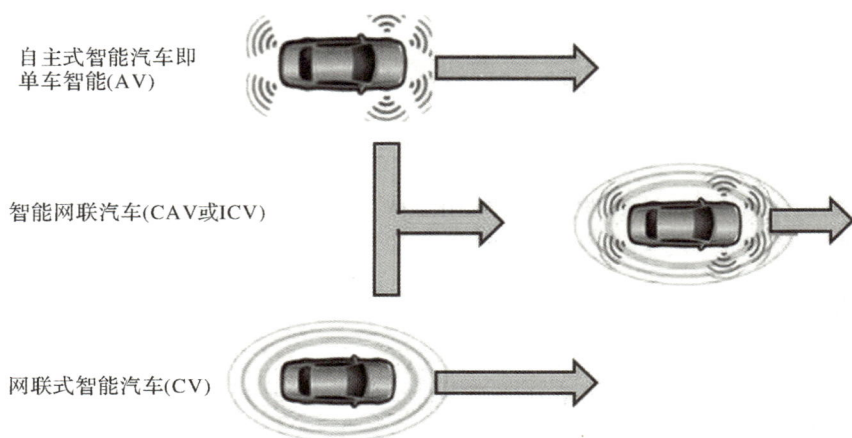

自主式智能汽车即单车智能(AV)

智能网联汽车(CAV或ICV)

网联式智能汽车(CV)

图1-8　智能汽车的发展方向

智能网联汽车涉及汽车、信息通信、交通等诸多领域,其技术架构较为复杂,可划分为"三横两纵"式技术架构,如图1-9所示。其中,"三横"是指智能网联汽车主要涉及的车辆、信息交互与基础支撑3个领域技术,"两纵"是指支撑智能网联汽车发展的车载平台以及基础设施条件。

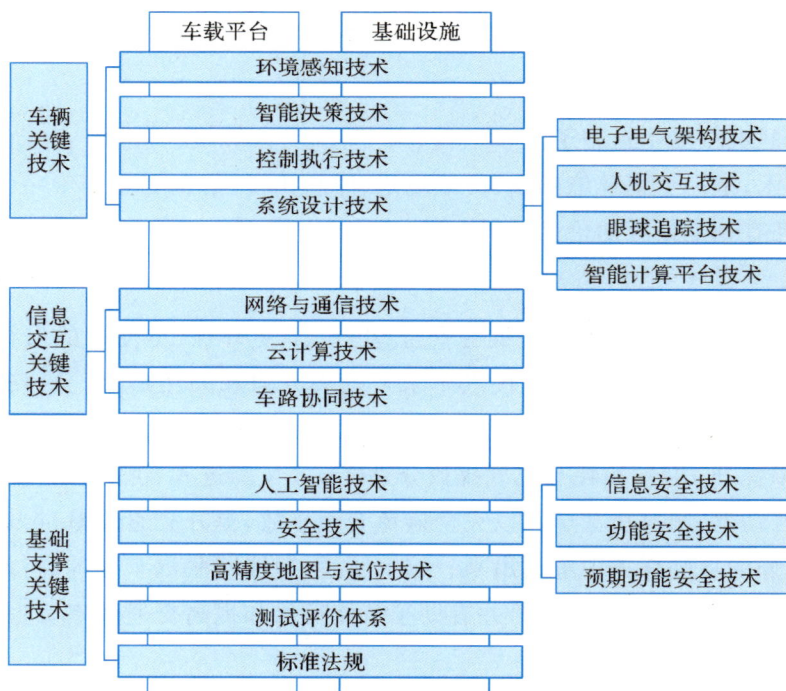

图1-9　智能网联汽车的技术架构

3.智能网联汽车的产业链

环境感知技术、智能决策技术与控制执行技术分别构成环境感知、智能决策与控制执行三大系统。这三大系统即为智能网联汽车的产品体系的三个层次,分别可类比人类的感知器官、大脑以及手脚,如图1-10所示。

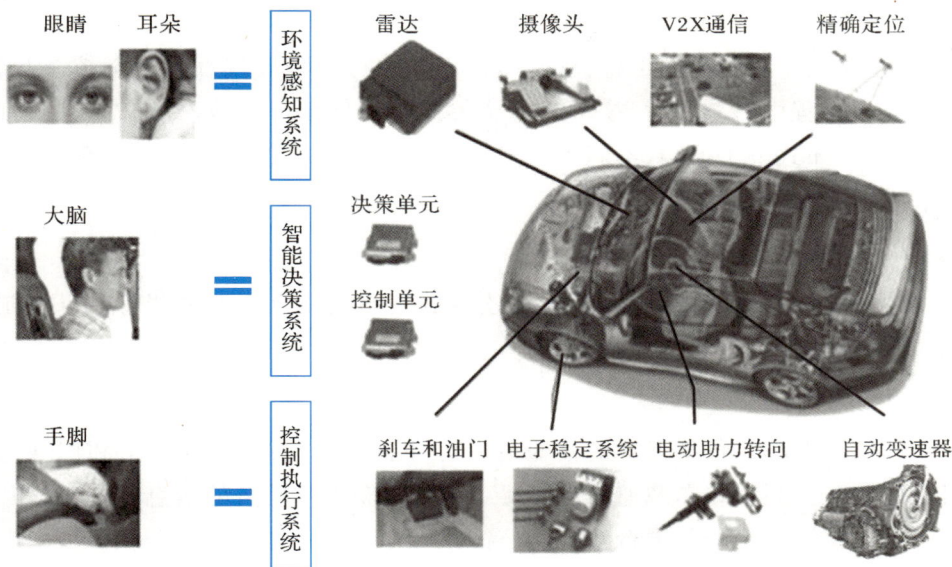

图1-10 智能网联汽车的产品体系

智能网联汽车的产业链涉及汽车、电子、通信、互联网、交通等多个领域,主要包括芯片厂商、传感器厂商、汽车电子/通信系统供应商、整车厂商(传统汽车厂商、新造车厂商)、平台开发与运营商、内容及底层支撑服务商等。

其中传感器厂商与供应商、高精地图与定位系统供应商涉及巨星科技、北斗星通等。算法及芯片供应商包括寒武纪、四维图新等。汽车通信系统供应商包括中国移动、中国联通等。整车厂商包括上汽集团、长安汽车、广汽集团、比亚迪、东风汽车、长城汽车等。

(四)智能网联汽车的关键技术

智能网联汽车在传统汽车技术基础上融合大量信息感知、智能决策、自动控制、网络通信等新技术,对相关技术发展提出了巨大挑战。

1. 环境感知技术

环境感知系统的任务是利用视觉传感器、毫米波雷达、激光雷达、超声波雷达等主要车载传感器以及V2X通信系统感知周围环境,通过提取路况信息、检测障碍物,为智能网联汽车提供决策依据。要想低成本、高效率、准确地识别出这些感知对象,还有很多技术需要解决。

2. 智能决策技术

决策系统的任务是根据全局行车目标、自车状态及环境信息等,决定采用的驾驶行为及动作的时机。决策机制应在保证安全的前提下适应尽可能多的工况,作出正确的决策。

3.控制执行技术

自动驾驶汽车决策规划出行驶路径,由底盘执行机构实现汽车状态控制和轨迹跟踪,在这一过程中,控制执行技术起着至关重要的作用。目前,传统汽车底盘的控制结构仍为分布式电子架构,不同子系统都有各自的运算控制器,较难实现所有功能的协同控制,必须依赖线控底盘。

4.人机共驾技术

控制层的控制互补是目前人机共驾领域的核心关注点。人机共驾并行控制,双方操控、输入,具有冗余和博弈特征。

5.通信与平台技术

车载通信的模式,依据通信的覆盖范围可分为车内通信、车际通信和广域通信。通过网联无线通信技术,车载通信系统将更有效地获得驾驶员的信息、自车的姿态信息和汽车周边的环境数据,进行整合与分析。

6.信息安全技术

智能网联汽车需满足车联网通信的保密性、完整性、可鉴别性等要求,信息系统安全已成为汽车行业的一个重要发展领域。

在 2014 年《中华人民共和国国民经济和社会发展第十二个五年规划纲要》中首次将汽车信息安全作为关键基础问题进行研究,急需结合中国智能网联汽车的实际,建立包括云安全、管安全、端安全在内的"云—管—端"数据安全技术框架,制定中国智能网联数据安全技术标准。

四、任务实施

(一)任务描述

收集和整理主流汽车品牌和车型的智能网联汽车技术的实际应用信息,分析智能网联汽车不同关键技术在各品牌和车型中的普及程度,总结当前汽车关键技术的优势和不足之处。

(二)任务步骤

(1)数据收集。确定需要统计的汽车品牌和车型范围,包括国内外知名品牌和热门车型。充分利用汽车行业网站、论坛、专业评测文章、汽车厂商官方网站等渠道,收集关于智能网联汽车关键技术应用的详细信息,包括智能网联汽车的销量、用户满意度、交通事故数量等方面的数据。

(2)数据整理。将收集到的数据进行分类和整理,建立清晰的数据表格,包括品牌、车型、智能网联汽车关键技术应用等内容。

（3）数据分析。计算智能网联汽车关键技术在不同品牌和车型中的应用比例,对比不同地域、不同价格区间、不同级别车型的差异,分析销量、用户满意度、交通事故数量与智能网联汽车关键技术的关系。

（4）结果呈现。以图表和文字报告等可视化形式展示统计分析结果,对统计结果进行解读,指出当前智能网联汽车关键技术可能存在的问题及发展趋势。

五、任务小结

本任务讲述了智能网联汽车的组成、标准体系、体系架构及关键技术,使读者对智能网联汽车有更为系统和清晰的认知,明确智能网联汽车"三横两纵"技术架构和标准的引领和规范作用。智能网联汽车关键技术在实际中的应用,为交通运输效率和安全性的提升作出了重要贡献。

项目二　环境感知传感器检查与标定

任务一　环境感知技术认知

一、任务导入

环境感知传感器是在汽车安全技术从被动安全向主动安全演进的过程中产生的。环境感知传感器可看作智能车辆的"眼睛",利用车载先进传感器以及 V2X 通信技术,对车辆周围环境进行探测识别,获取道路、车辆位置和障碍物的信息,并将这些信息传输给车载控制中心,为智能网联汽车提供决策依据,是 ADAS 实现的第一步。

二、任务目标

(一)知识目标

(1)理解智能网联汽车环境感知技术的定义;

(2)了解智能网联汽车环境感知传感器的类型;

(3)了解智能网联汽车环境感知技术的应用场景。

(二)技能目标

(1)掌握智能网联汽车环境感知的对象和特点;

(2)掌握智能网联汽车环境感知的方法;

(3)熟知智能网联汽车智能传感器的配置。

(三)素养目标

(1)鼓励学生主动思考问题,培养学生的创新意识;

(2)促进学生团结协作,挖掘学生潜力,引领学生全面发展;

(3)激发学生学习兴趣,培养学生分析问题、解决问题的能力。

三、任务咨询

(一)环境感知技术的定义

环境感知技术指的是通过安装在智能网联汽车上的智能传感器(车载激光雷达、毫米波雷达、超声波雷达、视觉传感器)或 V2X 技术,对道路、车辆、行人、交通标志、交通信号灯等进行检测和识别,获取信息并传输给车载控制中心,为智能网联汽车提供决策依据。环境感知技术主要应用于先进驾驶辅助系统(ADAS)和自动驾驶系统,是实现自动驾驶、提高安全性和稳定性、实现智能交通管理的重要基础。图 2-1 所示为环境感知技术在智能网联汽车上的应用。

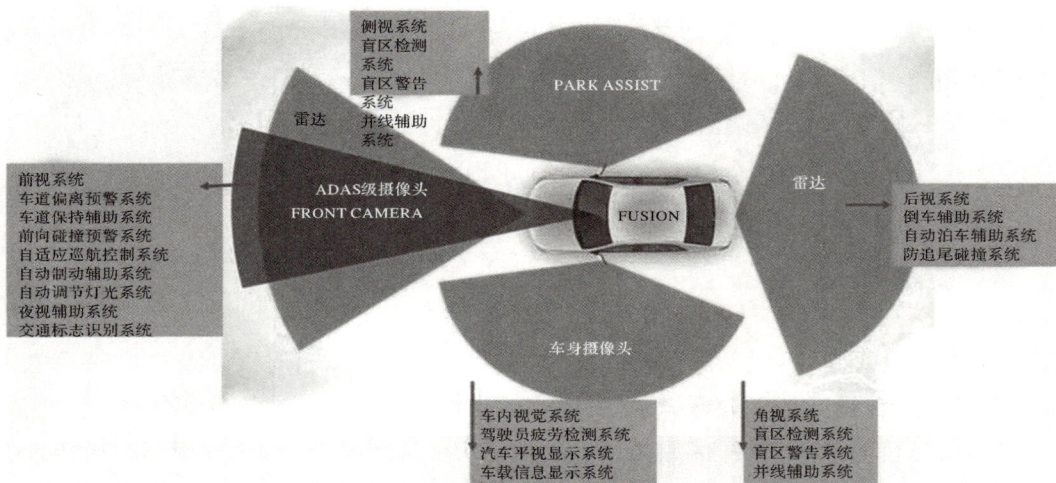

图 2-1 智能网联汽车环境感知技术

(二)环境感知系统的组成

环境感知系统的本质是信息的收集、处理和传输。因此,智能网联汽车环境感知系统通常由信息采集单元、信息处理单元和信息传输单元组成,如图 2-2 所示。

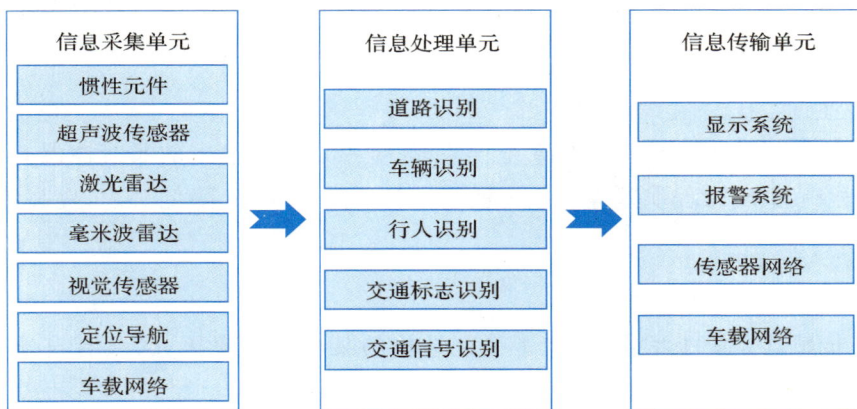

图 2-2 智能网联汽车环境感知系统组成

(1)信息采集单元:基于单一传感器、多传感器信息融合或车载自组织网络获取周围环境和车辆的实时信息。

智能网联汽车环境感知对象主要有道路、周边物体、驾驶状态和驾驶环境等,涉及道路边界检测、障碍物检测、车辆检测、行人检测等技术,如图 2-3 所示。

图 2-3　环境感知对象

(2)信息处理单元:对信息采集单元传输来的车辆及车辆周围环境的实时信息,通过一定的算法进行加工处理识别,生成智能决策系统可直接使用的信号。

(3)信息传输单元:收到信息处理单元输出的环境感知信息,执行相应的操作,同时将信息传输到车载网络上,实现车辆内部信息共享,或者通过自组织网络把信息传输给车辆周围的其他车辆,实现车辆与车辆之间的信息共享。总之,信息传输单元负责将处理后的信息实时传输给智能决策系统。

(三)环境感知传感器的特点

环境感知传感器具有精度高、稳定性和可靠性高、适应性强和多功能化、性价比高和适应大批量生产等特点。

1.精度高

通过软件可修正各种确定性系统误差(如传感器输入输出的非线性误差、幅度误差、零点误差、正反行程误差等),也可适当地补偿随机误差、降低噪声,提高传感器的精度。

2.稳定性和可靠性高

集成传感器系统小型化,消除了传统结构的某些不可靠因素,具有自诊断、校准和数据存储功能(对于智能结构系统还有自适应功能)。

3.适应性强,多功能化

智能式传感器可以实现多传感器多参数综合测量。它具有自适应能力,根据检测对象或条件的改变可相应地改变量程及输出数据的形式。它具有多通信接口功能,有多种数据输出形式,适配各种智能传感器接口。

4.性价比高,适应大批量生产

多功能智能式传感器与单一功能的普通传感器相比,性能价格比明显提高,尤其是在采用单片机后更为明显,适应大批量生产。

(四)环境感知方法

环境感知技术是智能网联汽车获取环境信息的关键,这些信息为智能决策提供依据。环境感知的方法主要有以下三种:

(1)基于单一传感器的环境感知方法。单一传感器如超声波传感器、毫米波雷达、激光雷达、视觉传感器等。例如,超声波雷达通过超声波对回声进行定位,准确探测汽车与障碍物之间的距离。毫米波雷达能够探测远距离的目标,提供速度和距离信息。激光雷达能够通过发射和接收激光束来精确测量距离,从而创建周围环境的三维模型。摄像头可以捕捉高分辨率的图像,用于识别交通信号灯、交通标志等。

(2)基于传感器信息融合的环境感知方法。单一传感器各自具有优势和局限性,因此运用多种传感器获取车辆周边环境的多种不同形式信息,通过对行驶环境进行感知,可以提高感知的准确性和可靠性。多信息融合技术如采用视觉传感器＋毫米波雷达、视觉传感器＋超声波传感器融合、视觉传感器＋毫米波雷达＋激光雷达等。

(3)基于网联通信技术的环境感知方法。使用 V2V(车对车)、V2P(车对人)、V2I(车对基础设施)等通信技术,实现车辆之间以及车辆与基础设施之间实时信息交换,包括车辆位置、速度、行驶状态等,从而增强对周围环境的感知。

(五)环境感知传感器类型与配置

环境感知传感器是在汽车安全技术从被动安全向主动安全演进的过程中产生的。环境感知传感器可看作智能车辆的"眼睛",作用就是利用车载超声波传感器、毫米波雷达、激光雷达、视觉传感器,以及 V2X 通信技术等对车辆周身环境进行探测识别,获取道路、车辆位置和障碍物的信息,并将这些信息传输给车载控制中心,为智能网联汽车提供决策依据,是 ADAS 实现的第一步。

1.环境感知传感器的类型

环境感知传感器的类型主要有超声波传感器、激光雷达、毫米波雷达、视觉传感器,如图 2-4 所示。

视觉传感器是感知系统中最常用的传感器,优势在于能够提取丰富的纹理和颜色信息,因此适用于目标的分类。但是其缺点在于对于距离的感知能力较弱,并且受光照条件影响较大，三维信息测量精度较低。

毫米波雷达具有全天候工作的特点，可以比较精确地测量目标的速度和距离等信息，感知距离较远，价格也相对较低，因此适用于低成本的感知系统或者辅以其他的传感器使用。但是其缺点在于高度和横向的分辨率较低，对于静止物体的感知能力有限，行人的反射波较弱，难以探测。

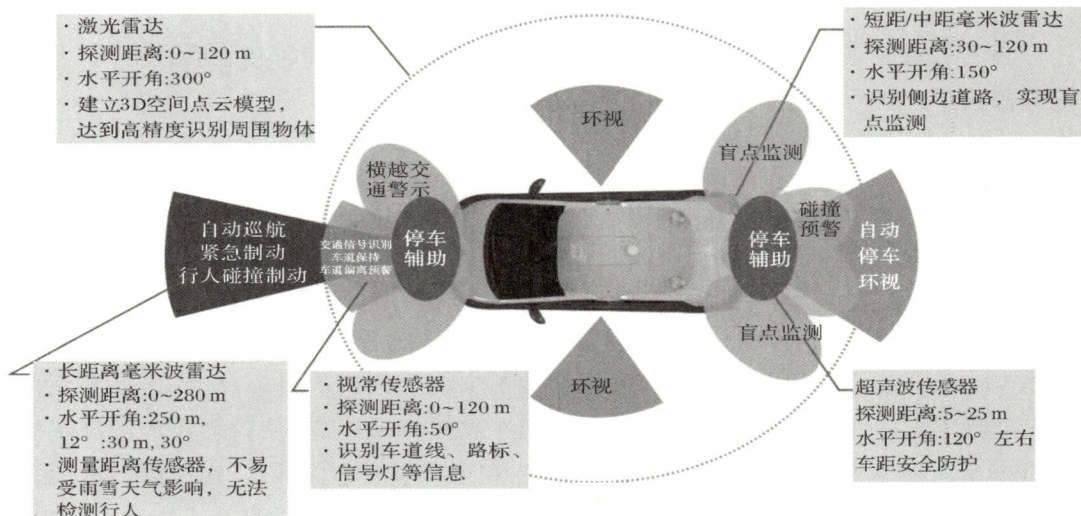

·激光雷达
·探测距离:0~120 m
·水平开角:300°
·建立3D空间点云模型，达到高精度识别周围物体

·短距/中距毫米波雷达
·探测距离:30~120 m
·水平开角:150°
·识别侧边道路，实现盲点监测

·长距离毫米波雷达
·探测距离:0~280 m
·水平开角:250 m，12°:30 m, 30°
·测量距离传感器，不易受雨雪天气影响，无法检测行人

·视常传感器
·探测距离:0~120 m
·水平开角:50°
·识别车道线、路标、信号灯等信息

·超声波传感器
探测距离:5~25 m
水平开角:120° 左右车距安全防护

环视 横越交通警示 盲点监测 碰撞预警 自动停车环视 自动巡航 紧急制动 行人碰撞制动 交通信号识别 车道保持 车道偏离预警 停车辅助 停车辅助 盲点监测 环视

图 2-4 环境感知传感器

激光雷达在一定程度上弥补了摄像头的缺点，可以精确地感知物体的距离和形状，因此适用于中近距离的目标检测和测距。但是其缺点在于成本较高，量产难度大，感知距离有限，而且受天气影响也较大。

超声波雷达是一种利用超声波测算距离的雷达传感器装置，是目前最常用车载传感器之一。超声波雷达主要用于短距离探测物体，不受光照影响，但测量精度受测量物体表面形状、材质影响大。

如图 2-5 所示，不同类型环境感知传感器具备不同的优点和缺点。

√ 最佳实现性能 √ 性能实现劣于最佳或部分实现性能 × 不能实现性能	摄像头	激光雷达	毫米波雷达	超声波雷达	多传感器融合
能否检测目标	√	√	√	√	√
对识别目标进行分类	√	√	√	×	√
所有的光线条件	√	√	×	×	√
所有的天气条件	√	√	√	√	√
识别目标的精确度	×	√	√	√	√

图 2-5 环境感知器性能比较

L1/L2 自动驾驶对传感器识别精度要求相对不高，L1/L2 自动驾驶传感器解决方案中并不需要激光雷达，而且传感器数量较少;L3 及以上的高度自动驾驶传感器方案中,激光雷达则是必备,并且传感器数量逐级增加,如图 2-6 所示。

自动驾驶级别	L1/L2	L3	L4/L5
自动驾驶功能	AEB 主动刹车		
	全自动泊车		
	车道内自动驾驶	高速公路自动驾驶	高度自动驾驶
毫米波雷达	 ≥3	 ≥6	 ≥10
摄像头	 ≥1	 2	 ≥8
激光雷达	0	 ≤1	 ≥1
其他感知器类型	超声波雷达	超声波雷达	超声波雷达 V2X

图 2-6 不同级别自动驾驶适用的传感器方案对比

在 L1/L2 阶段,多以毫米波雷达为核心,采用与摄像头相融合的技术方案。传统整车企业大多采用毫米波雷达为主传感器的方案,造车新势力企业也有采用摄像头为主传感器的方案。

目前,我国华为公司聚焦智能网联汽车增量部件的环境感知传感器技术(激光雷达、毫米波雷达)具有高精度、高稳定性、低成本等优点,受到了许多汽车制造商的青睐。

2. 环境感知传感器的配置

智能网联汽车环境感知传感器的配置主要有超声波传感器、毫米波雷达、激光雷达、视觉传感器即车载摄像头(包括单/双/三目摄像头、环视摄像头及红外摄像头)等。智能网联汽车传感器的配置需要结合自动驾驶的级别进行综合考虑,自动驾驶级别越高,配置传感器的类型及数量越多。如图 2-7 所示为智能网联汽车典型传感器基本配置。

传感器	数 量	最小感知范围	备 注
环视摄像头(高清)	4	8 m	前、侧向毫米波雷达信息处理策略有差异,不能互换。毫米波雷达和激光雷达互为冗余,不同供应商的传感器探测范围有差异,表中数据仅供参考
前视摄像头(单目)50°/150 m			
超声波传感器	12	5 m	
侧向毫米波雷达(24 GHz)	4	110°/60 m	
前向毫米波雷达(77 GHz)	1	15°/170 m	
激光雷达	1	110°/100 m	

图 2-7 智能网联汽车典型传感器基本配置

问界 M9 全车配备 1 个顶置激光雷达、3 个毫米波雷达、11 个高清视觉感知摄像头及 12 个超声波雷达等 27 个环境感知传感器。

(六)环境感知技术常见应用场景

环境感知技术常见应用场景有 AEB(自动紧急制动系统)、ACC(自适应巡航系统)、LKA(车道保持辅助系统)、APA(自动泊车辅助系统),如图 2-8 所示。

(1)AEB(自动紧急制动系统):实时监测车辆前方行驶环境并在可能发生碰撞危险时自动启动车辆制动系统使车辆减速,以避免碰撞或减轻碰撞后果。

(2)ACC(自适应巡航系统,也叫主动巡航系统):实时监测车辆前方行驶环境(前车车速、距离、位置等),在设定的速度范围内自动调整行驶速度和加速度,以适应前方车辆或道路条件等引起的驾驶环境变化。

(3)LKA(车道保持辅助系统):实时监测车辆与车道线的相对位置,持续或在必要情况下介入车辆横向运动控制(给方向盘一定的扭力),使车辆保持在原车道内行驶。

(4)APA(自动泊车辅助系统):在车辆泊车时,自动检测泊车空间并为驾驶员提供泊车指示或方向控制等辅助功能。

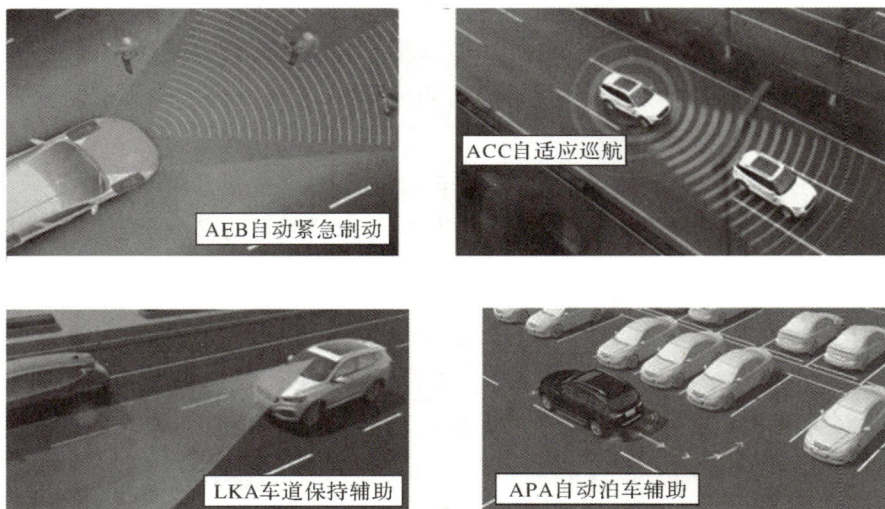

图 2-8　环境感知技术常见应用场景

四、任务实施

(一)任务描述

收集和整理智能网联汽车环境感知传感器生产厂商信息,分析不同类型环境感知传感器性能、价格及"易用"差异,总结当前智能网联汽车环境感知传感器整体发展趋势和特点。

(二)任务步骤

(1)数据收集。需要统计不同类型环境感知传感器数据,包括国内外知名厂商及

26

型号。利用汽车行业网站、论坛、专业评测文章、汽车厂商官方网站等渠道,收集关于环境感知传感器产品的详细信息,如毫米波雷达、激光雷达、环视摄像头、红外摄像头等。

(2)数据整理。将收集到的数据进行分类和整理,建立清晰的数据表格,包括环境感知传感器类型、型号、具体性能及搭载情况等内容。

(3)数据分析。计算各类型环境感知传感器在不同品牌和车型中的搭载比例,对比不同价格区间、不同级别车型的功能搭载差异,分析当前各个类型环境感知传感器的应用地区和产业链区域。

(4)结果呈现。以图表和文字报告的形式展示统计分析结果,对统计结果进行解读,指出当前各个类型环境感知传感器可能存在的问题或发展趋势。

五、任务小结

通过本次任务,对环境感知技术有了较为系统和清晰的认知,了解环境感知技术的定义、环境感知系统的组成、环境感知方法、环境感知传感器类型及配置等内容,明确了环境感知技术常见应用场景。通过完成本次网络统计任务,发现环境感知传感器性能不断优化,成本不断降低,使得"易用"持续落地,未来无人驾驶时代很快来临。

任务二　超声波雷达检查与拆装

一、任务导入

超声波雷达在自动泊车辅助系统中起着重要作用。自动泊车辅助系统是汽车泊车或者倒车时的安全辅助装置,可以帮助驾驶员停车入位。它通过遍布车辆周围的超声波雷达,测量车辆与周围物体之间的距离和角度,确定可以停泊的车位并获取车位的尺寸、位置等信息,并使用泊车辅助算法计算泊车路径,自动转向操纵汽车泊车。

二、任务目标

(一)知识目标

(1)掌握超声波雷达的工作原理、结构及特点;
(2)了解超声波雷达的测距原理及分类;
(3)掌握超声波雷达的检查、拆装、调试方法。

(二)技能目标

(1)能够熟练使用超声波雷达安装时所需的工具;

(2)能够独立完成超声波雷达安装并牢记注意事项;

(3)能够熟练使用仪器设备进行超声波雷达的品质检测。

(三)素养目标

(1)培养独立思考、处理和分析问题的能力;

(2)培养学生逻辑思维能力;

(3)培养团队合作和沟通的能力。

三、任务咨询

车载雷达可分为超声波雷达、毫米波雷达和激光雷达等。雷达的原理不同,其性能特点也有各自的优点,可用于实现不同的功能。不同雷达波的特征如图 2-9 所示。

(一)超声波雷达的定义

声波是一种在气体、液体、固体中传播的弹性波,分为次声波($f<20$ Hz)、声波(20 Hz$\leqslant f \leqslant 20$ kHz)和超声波($f>20$ kHz)。声波是人耳能听到的声音;次声波和超声波是人耳听不到的声音。

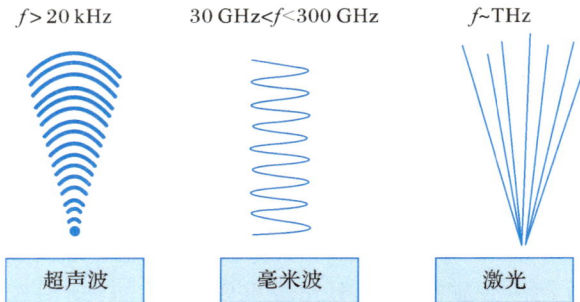

图 2-9 不同雷达波的特征

超声波雷达也称超声波传感器,它是利用超声波特性研制而成的传感器,是在超声波频率范围内将交变的电信号转换成声信号或将外界声场中的声信号转换为电信号的能量转换器件,如图 2-10 所示。

图 2-10 超声波雷达

超声波雷达在汽车上经常用于倒车,因此也称倒车雷达,如图 2-11 所示。

图 2-11 车辆上超声波雷达的位置

(二)超声波雷达组成

超声波雷达由发射器、接收器、控制器和显示器等部分组成,如图 2-12 所示。

(1)发射器和接收器通常安装在一起,位于同一平面上。发射器用电气方式产生超声波或是用机械方式产生超声波,在有效的检测距离内,发射特定频率的超声波,当这些超声波遇到障碍物时,会反射部分超声波。接收器负责接收返回的超声波。

(2)控制器控制脉冲调制电路产生一定频率的脉冲,运算处理接收到的回波信号,并由记录到的声波的往返时间,计算出目标物体的距离值或其他相关信息,判断是否有障碍物靠近并输出。

(3)显示器接收主机传输的距离数据或报警信息,并根据设定的距离值提供不同级别的距离提示和报警信息。

超声波传感器　　　　　超声波雷达控制器　　　　　超声波雷达显示器
(a)　　　　　　　　　　　(b)　　　　　　　　　　　(c)

图 2-12 超声波雷达组成

(a)超声波雷达;(b)超声波雷达控制器;(c)超声波雷达显示器

(三)超声波雷达类型

在汽车领域,常见的超声波雷达有两种。第一种安装在汽车前后保险杠上,主要用于探测汽车前后障碍物距离信息。其探测距离一般在 15~250 cm 之间,称为 PDC (停车距离控制)传感器,也称为 UPA(短程超声波,驻车辅助传感器)。第二种安装在汽车侧面,用于测量汽车侧边障碍物距离,即测量停车位长度,探测距离一般在 30 ~500 cm 之间,称为 PLA(自动泊车辅助)雷达,也称为 APA(远程超声波,泊车辅助传感器),如图 2 - 13 所示。APA 方向性强,其探头波的传播性能优于 UPA,不易受到其他 APA 和 UPA 的干扰。当然,检测距离越远,检测误差越大。

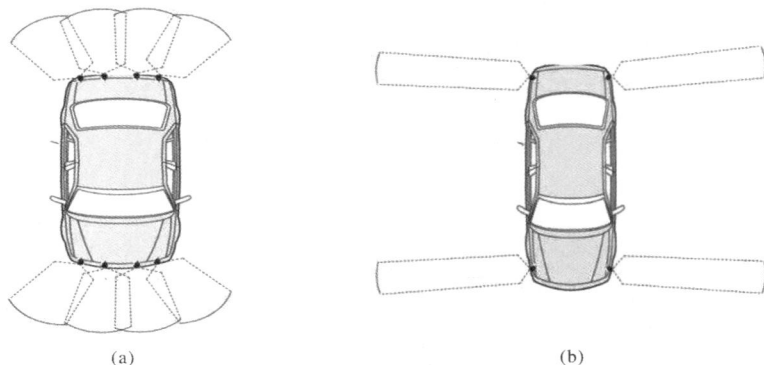

(a)   (b)

图 2 - 13　汽车常见的超声波雷达

(a)短程超声波雷达探测范围;(b)远程超声波雷达探测范围

图 2 - 14 所示为一种典型汽车超声波雷达的配置,汽车前后保险杠配备共 8 个 UPA,左右侧共 4 个 APA。

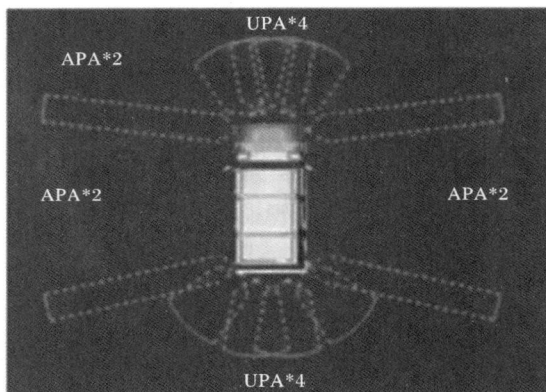

图 2 - 14　典型汽车超声波雷达的配置

超声波雷达按照工作频率分类可分为 40 kHz、48 kHz 和 50 kHz 三种。一般来说,工作频率越高,其探测精度也就越高,但其水平和垂直方向的探测角度范围会随工作频率的提高而减小,因此用于汽车测距的超声波雷达主要使用 40 kHz 的超声波雷达。

超声波雷达可实现自动泊车辅助功能,如图 2 - 15 所示。其原理是先通过超声波雷达搜索汽车周边环境,寻找其他停放汽车的之间适当停车位或地面车位线(前后或左右有标志物),然后根据驾驶员的选择自动或手动确定目标车位,计算自动泊车轨迹后发出横向及纵向运动控制指令,引导汽车停放在目标泊车位置,并达到一定的位置境地要求。

另外,按照安装方式分类,超声波雷达可分为直射式和反射式。按结构分类,超声波雷达可分为直探头、斜探头、表面波探头、双探头、聚焦探头、水浸探头,以及其他专用探头。按照超声波换能器工作的物理效应分类,超声波雷达可分为电动式、电磁式、磁致伸缩式、电压式等。其中,电压式最为常用。

图 2−15　超声波雷达实现自动泊车辅助

(四)超声波雷达特点

(1)超声波雷达有效探测距离一般在 3~5 m 之间,应用范围受到限制。

(2)超声波雷达的频率都相对固定,例如汽车上用的超声波雷达,频率有 40 kHz、48 kHz 和 58 kHz 等,频率不同,探测的范围也不同。

(3)超声波雷达对色彩、光照度不敏感,可适用于识别透明、半透明及漫反射差的物体。对于低矮、圆锥、过细的障碍物或者沟坎,超声波雷达则不容易探测到。

(4)超声波抗环境干扰能力强,对天气变化不敏感,可在室内、黑暗中使用。

(5)超声波雷达的波速跟温度有关。

(6)超声波雷达应用于低速场景。超声波有一定的扩散角,只能测量距离,不能测量方位,因此只能在低速时使用。超声波雷达在车速很高的情况下,测量距离具有一定的局限性,会出现漏检。

(7)通过单个超声波雷达只能测量距离,无法精确描述障碍物的位置。现有的解决方法是在汽车的前、后保险杠的不同方位安装多个超声波雷达,通过多超声波雷达数据融合输出一个相对准确的障碍物位置。

(8)超声波雷达存在盲区。超声波的发射信号和余振的信号都会对回波信号造成覆盖或者干扰,因此在小于某一距离后就会丧失探测功能,这就是普通超声波雷达的探测有盲区的原因之一。若在盲区内,则系统无法探测障碍物。因此,比较好的解决办法是在安装超声波雷达的同时安装摄像头。

(9)超声波雷达结构简单、体积小、成本低,信息处理简单可靠,易于小型化与集成化,并且可以进行实时控制。

(五)超声波雷达测距原理

超声波雷达的工作原理类似蝙蝠。超声波发射器向前方发射超声波,超声波在空气中传播时碰到障碍物原路返回,超声波接收器收到回波即停止计时。根据超声波在空气中传播的速度和传播的时间差,可以计算出传感器距障碍物的距离,如图2-16所示。

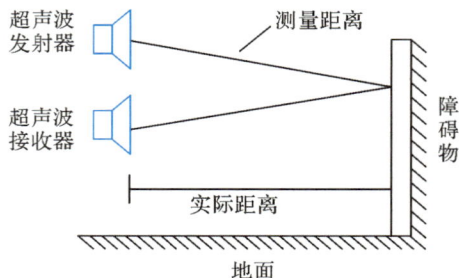

图2-16 超声波雷达的测距原理

超声波属于声波,其传播速度和声音的传播速度一样(传播速度取决于传播的介质和温度)。通常将声音在15 ℃空气中的传播速度 $v = 340$ m/s 作为超声波距离计算中的速度值。发射器与障碍物表面之间的距离 s,可以根据计时器记录的时间 t 进行计算,即

$$s = vt/2$$

值得注意的是超声波雷达在探测障碍物距离时,是根据超声波发出和反射接收的时间差计算距离的,但当单个超声波雷达工作在图2-17所示的场景下时,超声波雷达探测到障碍物的距离为 d,仅看单个超声波雷达的返回值,无法判定障碍物是处于位置 A 还是 B,因此实际应用中需要融合多个超声波雷达的信息做综合判断。

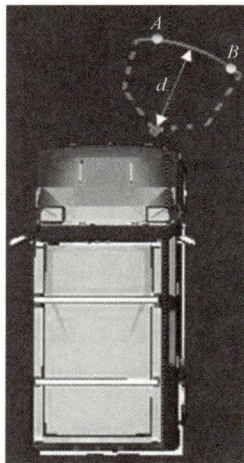

图2-17 超声波雷达在探测障碍物距离

四、任务实施

(一)任务信息

任务信息见表2-1。

表2-1 任务信息

任务名称	超声波雷达检查与拆装
实训设备	超声波雷达实训台架
实训场地	环境感知技术实训室
任务描述	利用实训台架进行超声波雷达的检查、拆装与调试

(二)准备工作

准备工作见表2-2。

表2-2 准备工作

准备项目	准备内容
场地准备	光线充足,场地平整
教具文具	白板、白板笔
设备准备	超声波雷达实训台架、网络正常
资料准备	超声波雷达实训台技术手册

(三)实施流程

实施流程见表2-3。

表2-3 实施流程

实施步骤	实施结果	备 注
1.超声波雷达检查		1.超声波雷达安装位置; 2.超声波雷达外观
2.实训台上电,传感器上电		1.实训台供电为交流220 V; 2.传感器电源开关在显示屏下方中央,供电电压为直流12 V
3.登录 Ubuntu 系统		
4.打开实训台工作界面		点击桌面上超声波传感器实训台教学软件图标

续表

实施步骤	实施结果	备 注
5.进入装调-调试界面		
6.移动目标物进行调试		移动目标物,观察超声波雷达12路的测量数据和3个不同CAN帧的CAN报文数据
7.关闭所有程序并下电,进行超声波雷达拆装		

(四)恢复整理

恢复整理见表2-4。

表2-4 恢复整理

类 别	基本内容
实训设备维护和检查	检查超声波雷达实训台状态
实训设备及资料整理	超声波雷达实训台下电,将无线鼠标、键盘及相关资料存放在适当的位置
实训场地清洁和整理	对实训场地进行清扫,确保地面干净整洁,没有杂物和垃圾
实训场地安全检查	检查实训场地的安全设施,如防火设备、紧急出口等,确保其正常运行

(四)任务评价

任务评价见表2-5。

表2-5 任务评价

考核内容	评价标准	分 值
出勤情况	全勤满分	10
	迟到早退扣5分,旷课扣100分	
学习态度	课堂纪律好,学习态度端正,认真好学,积极主动	20
	其他情况,视实际表现酌情减、扣分	
设备工具	按照项目规程规范、熟练使用设备、工具,使用完毕后及时清理归位	20
	其他情况,视实际表现酌情减、扣分	

续表

考核内容	评价标准	分 值
实际操作	在规定时间内,按照操作规程完成项目且结果准确	30
	其他情况,视实际表现酌情减、扣分	
实训报告	按时、准确完成全部作业,且有独到见解	20
	其他情况,视实际表现酌情减、扣分	

五、任务小结

本次超声波雷达检查与拆装任务主要讲述了超声波的特点,了解到超声波雷达的定义、组成、类型、特点以及测距原理等理论知识,同时进行超声波雷达检查、拆装与调试等技能训练。通过本次任务,对超声波雷达应用于泊车方面有了深刻的认识,提升对超声波雷达维护的技术能力,为进一步实现代客泊车研究与落地应用打下基础。

任务三　毫米波雷达检查与标定

一、任务导入

毫米波雷达提供稳定可靠的探测性能和良好的环境适应性,随着 5G 通信、物联网等新兴技术的快速发展,在自动驾驶领域发挥着至关重要的作用,是确保自动驾驶汽车安全、有效地运行的关键技术之一。

客户车辆 ACC 自适应巡航功能无法开启,检查后判断为毫米波雷达部件故障,维修人员该如何对毫米波雷达进行测试与更换?

二、任务目标

(一)知识目标

(1)了解毫米波雷达的定义、工作原理与分类;
(2)掌握毫米波雷达装配与调试的标准流程;
(3)熟悉市场上毫米波雷达的车载配置情况。

(二)技能目标

(1)能够配合完成毫米波雷达的装配;
(2)能够配合完成毫米波雷达的标定工作;
(3)能够对毫米波雷达的功能是否正常进行调试。

(三)素养目标

(1)能弘扬工匠精神,具有认真负责的态度及持之以恒、精益求精的精神。

（2）能够与同学建立良好的合作关系，具有良好的团队协作精神。

（3）能够在实际操作过程中，培养动手实践能力，重视培养质量意识、安全意识、节能环保意识、规范操作意识及创新意识。

三、任务咨询

（一）毫米波雷达的定义

1. 毫米波的特点

毫米波是指波长为 1～10 mm 的电磁波，对应的频率范围为 30～300 GHz。毫米波位于微波与远红外波相交叠的波长范围，因此毫米波兼有这两种波谱的优点。与微波相比，毫米波的分辨率高，指向性好，抗干扰能力强和探测性能好。与红外波相比，毫米波的大气衰减小，对雾、烟和灰尘具有更好的穿透性，受天气影响小。

2. 毫米波雷达的定义

毫米波雷达是工作在毫米波频段的雷达，如图 2-18 所示。它通过发射与接收高频电磁波来探测目标，后端信号处理模块利用回波信号计算出目标的距离、速度和角度等信息。毫米波雷达是智能网联汽车的核心传感器之一，主要用于先进驾驶辅助系统的自适应巡航控制（ACC）、自动紧急制动（AEB）、前向碰撞预警（FXW）、盲区监测（BSD）、车道保持辅助系统（LKA）、运动目标检测（MOD）、行人检测（PD）等。

图 2-18　毫米波雷达

（二）毫米波雷达的组成

各种毫米波雷达的具体用途和结构不尽相同，但基本形式是一致的。调频连续波（FMCW）雷达结构主要由雷达天线 PCB 板、单片微波集成电路（MMIC）芯片、雷达整流罩和雷达底板等组成，如图 2-19 所示。

雷达天线板集成了微带阵列天线，采用高频 PCB 板制作。该板包括发射和接收天线，用于发射和接收毫米波信号。单片微波集成电路芯片是毫米波雷达的硬件核心，包括各种各样的功能电路，负责毫米波信号的调制、发射、接收以及回波信号的解调，包含了放大器、振荡器、开关和混频器等多个电子元器件。

接收到的信号经处理后，可准确地获取汽车周围的环境信息（车与其他物体之间的相对距离、相对速度、角度以及行驶方向等),依据所探知的物体信息进行目标追踪和识别,再结合车身动态信息进行数据融合,最终通过算法芯片进行智能处理。经合理决策后,以声、光及触觉等多种方式告知或警告驾驶人,或及时对汽车做出主动干预,从而保证汽车行驶安全性和舒适性,降低事故发生率。

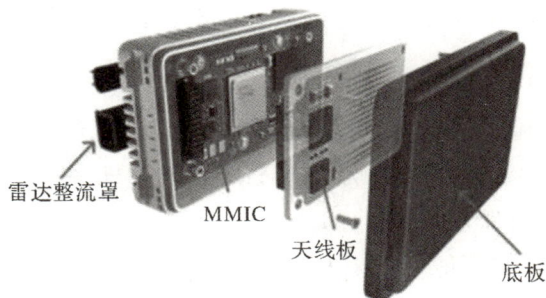

图 2-19 毫米波雷达结构组成

(三)毫米波雷达类型

毫米波雷达可以按照工作原理、探测距离和频段进行分类,如图 2-20 所示。

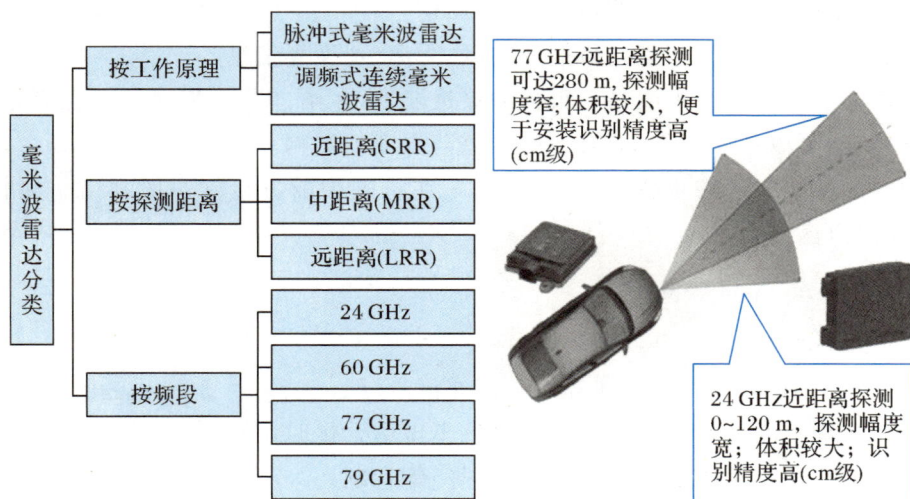

图 2-20 毫米波雷达的分类

1.按工作原理分类

毫米波雷达按工作原理可以分为脉冲式毫米波雷达与调频式连续毫米波雷达两类。

脉冲式毫米波雷达通过发射脉冲信号与接收脉冲信号之间的时间差来计算目标距离;调频式连续毫米波雷达利用多普勒效应测量得出不同目标的距离和速度。

脉冲式测量原理简单,但由于受技术、元器件等方面的影响,实际应用中很难实现。目前,大多数车载毫米波雷达都采用调频式连续毫米波雷达。

2. 按探测距离分类

毫米波雷达按探测距离可分为近距离(SRR)、中距离(MRR)和远距离(LRR)毫米波雷达。

近距离毫米波雷达一般探测距离小于 60 m,中距离毫米波雷达一般探测距离为 100 m 左右,远距离毫米波雷达探测距离一般大于 200 m。

3. 按频段分类

毫米波雷达按采用的毫米波频段不同,划分有 24 GHz、60 GHz、77 GHz 和 79 GHz 毫米波雷达,主流可用频段为 24 GHz 和 77 GHz,其中 24 GHz 适合近距离探测,77 GHz 适合中、远距离探测。从 24 GHz 过渡到 77 GHz,距离分辨率和精度将提高约 20 倍。79 GHz 有可能是未来发展方向。

(四)毫米波雷达特点

1. 超声波雷达的优点

(1)探测距离远。毫米波雷达探测距离远,最远可达 200 m 左右。

(2)响应速度快。毫米波的传播速度与光速一样,并且其调制简单,配合高速信号处理系统,可以快速地测量出目标的角度、距离、速度等信息。

(3)适应能力强。毫米波具有很强的穿透能力,在雨、雪、大雾、烟、灰尘等恶劣天气环境中依然可以正常工作,而且不受颜色与温度的影响。

(4)探测性能好。毫米波波长较短,汽车在行驶中前方目标一般都由金属构成,形成很强的电磁反射。

2. 毫米波雷达的缺点

(1)覆盖区域呈扇形,有盲点区域。

(2)无法识别车道标线、交通标志和交通信号灯。

(3)充满杂波的外部环境或受到其他汽车雷达干扰时,经常给毫米波雷达感知带来虚警、漏警或探测距离变短(即灵敏度下降)等问题。

(五)毫米波雷达的测距原理

毫米波雷达具有 3 个主要的测量能力,即测量与目标车辆(物体)的距离、方位角和相对径向速度的能力。

1. 脉冲式毫米波雷达测速原理

毫米波雷达是把无线电波(毫米波)发射出去,然后接收回波,根据收发的时间差测得目标的位置数据和相对距离。根据电磁波的传播速度,可以确定目标的距离公式为 $s = ct/2$。其中,s 为毫米波雷达探测到的目标距离,t 为电磁波从毫米波雷达发射毫米波出去到接收到目标回波的时间,$c = 3 \times 10^8$ m/s,为光速。

2.调频式连续毫米波雷达测速原理

调频式连续毫米波雷达测速基于多普勒效应（Doppler Effect）原理。多普勒效应就是当声音、光和无线电波等振动源与观测者以相对速度 v 运动时，观测者所收到的振动频率与振动源所发出的频率有所不同。这一现象是由奥地利科学家克里斯琴·约翰·多普勒最早发现的，因此称为多普勒效应。即当发射的电磁波和被探测目标有相对移动时，回波的频率会和发射波的频率不同。当目标向雷达天线靠近时，反射信号频率将高于发射信号频率；反之，当目标远离天线而去时，反射信号频率将低于发射信号频率。

调频式连续毫米波雷达利用多普勒效应测量得出不同目标的距离和速度。它通过发射源向既定目标发射毫米波信号，并分析发射信号和反射信号时间、频率之间的差值，精确测量出目标相对于毫米波雷达的距离和速度等信息。毫米波雷达通过发射模块发射毫米波信号，发射信号遇到目标后，经目标的反射会产生回波信号，发射信号与回波信号相比形状相同，但时间上存在差值；当目标与毫米波雷达信号发射源之间存在相对运动时，发射信号与回波信号之间除存在时间差外，还会产生多普勒频率，如图 2-21 所示。

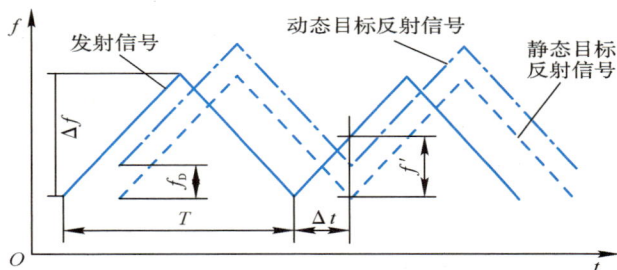

图 2-21 毫米波雷达的测距原理

Δf—调频带宽；f_D—多普勒频率；f'—发射信号与反射信号的频率差；
T—信号发射周期；Δt—发射信号与回波信号的时间间隔

（六）毫米波雷达的布置

毫米波雷达在智能网联汽车上的布置如图 2-22 所示，它包括正向毫米波雷达布置、侧向毫米波雷达布置和毫米波雷达布置高度三方面。

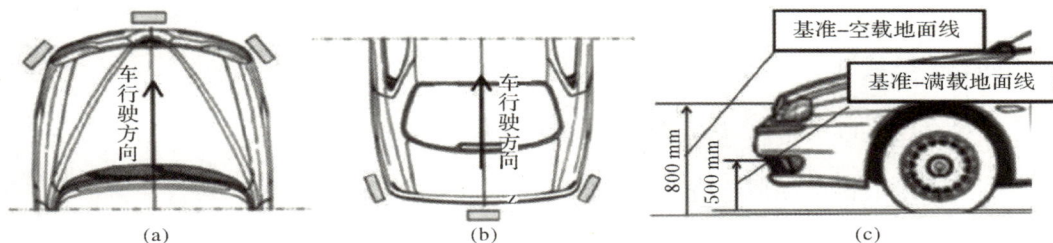

图 2-22 毫米波雷达的布置
（a）车头；（b）车尾；（c）高度范围

（1）正向毫米波雷达布置。正向毫米波雷达一般布置在车辆中轴线,外露或隐藏在保险杠内部。雷达波束的中心平面要求与路面基本平行,考虑雷达系统误差、结构安装误差、车辆载荷变化后,需保证与路面夹角的最大偏差不超过5°。

另外,在某些特殊情况下,当正向毫米波雷达无法布置在车辆中轴线上时,允许正 Y 向最大偏置距离为 300 mm,偏置距离过大会影响雷达的有效探测范围。

（2）侧向毫米波雷达布置。侧向毫米波雷达在车辆四角呈左右对称布置,前侧向毫米波雷达与车辆行驶方向成 45°角,后侧向毫米波雷达与车辆行驶方向成 30°角,雷达波束的中心平面与路面基本平行,角度最大偏差仍需控制在 5°以内。

（3）毫米波雷达布置高度。毫米波雷达在 Z 方向探测角度一般只有 ±5°,雷达安装高度太高会导致下盲区增大,太低又会导致雷达波束射向地面,地面反射带来杂波干扰,影响雷达的判断。因此,毫米波雷达的布置高度（即地面到雷达模块中心点的距离）,一般建议在 500 mm（满载状态）～800 mm（空载状态）之间。

【拓展资讯】

2024 年 4 月,华为乾崑宣布了国内首发高精度 4D 毫米波雷达。华为最新推出的高精度 4D 毫米波雷达,就可以支持泊车模式:垂直视野可达 60°,相较传统雷达垂直视野（18°）,有 3 倍提升;距离精度 5 cm,相较传统雷达 20 cm 精度,提升 4 倍。

目前主流毫米波雷达的主要功能为测角、测距与测速,故也称为 3D 毫米波雷达。3D 毫米波雷达固有的缺陷为无法测量物体高度,从而使其不能识别前方静止物体是否会对车辆通行产生影响。4D 毫米波雷达增加了俯仰角的测量信息,并且角度分辨率可达到亚度（<1°）级别,能够通过输出大量的测量点清晰地呈现出目标障碍物的轮廓。4D 毫米波雷达相比传统雷达,多了"1D",也就是多了一个探测物体高度的能力。

此外,4D 毫米波雷达除了提供速度、距离、方位等三维数据外,还"进化"出了类似激光雷达的点云成像效果,能够弥补纯视觉算法偏弱,无法覆盖全场景的问题;清晰度上,部分指标近似达到 16 线数的激光雷达;遇到下雨、大雾等天气,它的侦测范围仍可以达到 300 m 左右。

四、任务实施

本任务包括毫米波雷达品质检查、装调与标定三项任务。

（一）毫米波雷达品质检查

1.任务信息

任务信息见表 2-1。

表 2-1 任务信息

任务名称	毫米波雷达品质检查
实训设备	长安深蓝国赛车
实训场地	车路协同区
任务描述	利用专用软件对毫米波雷达进行品质检测

2.准备工作

准备工作见表 2-2。

表 2-2 准备工作

准备项目	准备内容
场地准备	光线充足,场地平整,封闭场地,准备警戒线、警示牌、消防设备
教具文具	白板、白板笔、一体机、HDMI 线(5 m)
设备准备	实训车电量充足、带专用软件的笔记本电脑、CAN 卡、角反射器、卷尺、常用工具
资料准备	智能网联汽车实车实训系统使用手册

3.实施流程

实施流程见表 2-3。

表 2-3 实施流程

实施步骤	实施结果	备 注
1.操作准备		1.作业准备; 2.工具检查; 3.车辆检查并上电
2.硬件连接 通过 CAN 卡将车辆毫米波雷达与电脑连接		
3.CAN 卡与调试界面连接 打开调试软件 Radar_Monitor.exe,CAN 卡连接成功		出现可视化界面

续表

实施步骤	实施结果	备　注
4.调试界面设置 雷达配置 显示设置		1.雷达配置:基本配置—检测目标类型—发送配置; 2.显示设置:显示目标信息设置—设置
5.读取角反射器数据,并记录		1.ID; 2.distlong; 3.distlat
6.调取原始数据帧		
7.解析数据帧		与调试界面显示的数据进行比较,数值一致时,则表明毫米波雷达品质正常
8.关闭所有程序,整理复位		1.整理CAN卡,并将其放置于车辆后备箱中。 2.关闭电脑,并将其放置于工位上,检查是否齐全。 3.将工具归位,将车轮挡块归位,打扫现场。 4.收隔离带、安全警示牌等
9.车辆下电		

4.恢复整理

恢复整理见表2-4。

表2-4　恢复整理

类　别	基本内容
实训设备维护和检查	检查智能网联汽车系统平台实训设备的状态,包括车辆、工具、仪器等
实训设备及资料整理	智能网联汽车系统平台下电并锁定,车辆钥匙及相关资料存放在适当的位置
实训场地清洁和整理	对实训场地进行清扫,确保地面干净整洁,没有杂物和垃圾
实训场地安全检查	检查实训场地的安全设施,如防火设备、紧急出口等,确保其正常运行

5.任务评价

任务评价见表2-5。

表2-5　任务评价

考核内容	评价标准	分　值
出勤情况	全勤满分	10
	迟到早退扣5分,旷课扣100分	
学习态度	课堂纪律好,学习态度端正,认真好学,积极主动	20
	其他情况,视实际表现酌情减、扣分	
设备工具	按照项目规程规范、熟练使用设备、工具,使用完毕后及时清理归位	20
	其他情况,视实际表现酌情减、扣分	
实际操作	在规定时间内,按照操作规程完成项目且结果准确	30
	其他情况,视实际表现酌情减、扣分	
实训报告	按时、准确完成全部作业,且有独到见解	20
	其他情况,视实际表现酌情减、扣分	

(二)毫米波雷达装调

1.任务信息

任务信息见表2-6。

表2-6　任务信息

任务名称	毫米波雷达装调
实训设备	毫米波雷达实训台
实训场地	环境感知技术实训室
任务描述	利用实训台对毫米波雷达进行拆装与调试

2.准备工作

准备工作见表2-7。

表2-7　准备工作

准备项目	准备内容
场地准备	封闭场地,光线充足,场地平整
教具文具	白板、白板笔
设备准备	毫米波雷达实训台、角反射器、网络正常
资料准备	毫米波实训台技术手册

3.实施流程

实施流程见表2-8。

表 2-8 实施流程

实施步骤	实施结果	备注
1.毫米波雷达检查		1.毫米波雷达安装位置; 2.毫米波雷达外观
2.观看毫米波雷达传感器的拆卸与安装教学视频	毫米波雷达的拆卸与安装	
3.77 GHz 毫米波雷达拆卸		1.对实训台在下电状态进行拆装; 2.拆卸毫米波雷达的线束插接器; 3.选用工具扭松毫米波雷达的固定螺钉; 4.取下螺母,拆下毫米波雷达
4.77 GHz 毫米波雷达安装		1.将 77 GHz 毫米波雷达放在实训台安装支架上; 2.放入螺栓,定位毫米波雷达; 3.手动拧入螺母; 4.使用工具紧固毫米波雷达螺栓; 5.安装插接器,连接雷达线束
5.实训台上电,传感器上电	启动开关	1.实训台供电为交流 220 V; 2.传感器电源开关在显示屏下方中央,供电电压为直流 12 V

续表

实施步骤	实施结果	备　注
6.登录 Ubuntu 系统		
7. 打开实训台工作界面		点击桌面上毫米波传感器实训台教学软件图标
8.进入装调-调试界面		
9.77 GHz 毫米波雷达调试参数设置		最远扫描距离、最近扫描距离、报警触发距离、雷达发射功率、最大 RCS(雷达散射面积)、最小 RCS(雷达散射面积)
10.77 GHz 毫米波雷达检测数据的可视化图表		
11.数据解析		1.分析毫米波雷达检测数据具体报文,以及对应的解析后数据; 2.确定 77 GHz 毫米波雷达调试正常

续表

实施步骤	实施结果	备 注
12.24 GHz 毫米波雷达调试		与 77 GHz 毫米波雷达调试流程一致
13. 关闭所有程序并下电		

4.恢复整理

恢复整理见表 2-9。

表 2-9　恢复整理

类　别	基本内容
实训设备维护和检查	检查实训台实训设备的状态
实训设备及资料整理	将实训台下电并锁定,无线鼠标、键盘及相关资料存放在适当的位置
实训场地清洁和整理	对实训场地进行清扫,确保地面干净整洁,没有杂物和垃圾
实训场地安全检查	检查实训场地的安全设施,如防火设备、紧急出口等,确保一切正常

5.任务评价

任务评价见表 2-10。

表 2-10　任务评价

考核内容	评价标准	分　值
出勤情况	全勤满分	10
	迟到早退扣 5 分,旷课扣 100 分	
学习态度	课堂纪律好,学习态度端正,认真好学,积极主动	20
	其他情况,视实际表现酌情减、扣分	
设备工具	按照项目规程规范、熟练使用设备、工具,使用完毕后及时清理归位	20
	其他情况,视实际表现酌情减、扣分	
实际操作	在规定时间内,按照操作规程完成项目且结果准确	30
	其他情况,视实际表现酌情减、扣分	
实训报告	按时、准确完成全部作业,且有独到见解	20
	其他情况,视实际表现酌情减、扣分	

(三)毫米波雷达品质标定

1.任务信息

任务信息见表 2-11。

表 2-11 任务信息

任务名称	毫米波雷达标定
实训设备	毫米波雷达实训台
实训场地	环境感知技术实训室
任务描述	利用专用软件及设备对毫米波雷达进行标定

2.准备工作

准备工作见表 2-12。

表 2-12 准备工作

准备项目	准备内容
场地准备	封闭场地,光线充足,场地平整
教具文具	白板、白板笔
设备准备	毫米波雷达实训台、专用工具、通用工具、网络正常
资料准备	毫米波实训台技术手册

3.实施流程(基于 usb_cam package 读取图像)

实施流程见表 2-13。

表 2-13 实施流程

实施步骤	实施结果	备 注
1.毫米波雷达检查		1.毫米波雷达安装位置; 2.毫米波雷达外观
2.实训台上电,传感器上电		1.实训台供电为交流 220 V; 2.传感器电源开关在显示屏下方中央,供电电压为直流 12 V

续表

实施步骤	实施结果	备　注
3.登录 Ubuntu 系统		
4.打开实训台工作界面		点击桌面上超声波传感器实训台教学软件图标
5.进入装调–标定界面		
6.77 GHz 毫米波雷达俯仰角调整		1.角度尺调整到90°左右； 2.使用水平仪测量桌面的水平度； 3.挑选一个较水平的地方让角度尺贴近毫米波雷达测量面,使毫米波雷达垂直于桌面
7.确定角反射器的高度		利用激光测距仪打出去的激光红点,让红点打到角反射器的上方,保证毫米波雷达的中心和角反射器中心高度一致
8.确定角反射器与毫米波雷达的距离		

续表

实施步骤	实施结果	备 注
9.参数设置		将测量距离填入毫米波雷达标定界面中的距离(单位:m)并且角度填写0°
10.启动标定功能		标定成功后,会出现此刻角反射器的实际角度。
11.关闭所有程序并下电		

4.恢复整理

恢复整理见表2-14。

表2-14 恢复整理

类 别	基本内容
实训设备维护和检查	检查智能网联汽车系统平台实训设备的状态,包括车辆、工具、仪器等
实训设备及资料整理	智能网联汽车系统平台下电并锁定,车辆钥匙及相关资料存放在适当的位置
实训场地清洁和整理	对实训场地进行清扫,确保地面干净整洁,没有杂物和垃圾
实训场地安全检查	检查实训场地的安全设施,如防火设备、紧急出口等,确保其正常运行

5.任务评价

任务评价见表2-15。

表2-15 任务评价

考核内容	评价标准	分 值
出勤情况	全勤满分	10
	迟到早退扣5分,旷课扣100分	
学习态度	课堂纪律好,学习态度端正,认真好学,积极主动	20
	其他情况,视实际表现酌情减、扣分	
设备工具	按照项目规程规范,熟练使用设备、工具,使用完毕后及时清理归位	20
	其他情况,视实际表现酌情减、扣分	
实际操作	在规定时间内,按照操作规程完成项目且结果准确	30
	其他情况,视实际表现酌情减、扣分	
实训报告	按时、准确完成全部作业,且有独到见解	20
	其他情况,视实际表现酌情减、扣分	

五、任务小结

本次毫米波雷达检测与标定任务主要讲述了毫米波雷达的定义、组成、类型、特点、测距原理及其在车辆上的布置形式等知识,在此基础上进行毫米波雷达品质检查、装调与标定等技能训练。通过本次任务,牢固掌握毫米波雷达基础知识,培养一流的质量意识,提升作为智能网联汽车调试员的综合能力。

任务四 激光雷达拆装与调试

一、任务导入

激光雷达属于智能传感器,运用 3D 建模技术精准捕捉外部环境信息并判断驾驶环境,是自动驾驶和无人驾驶汽车领域中汽车电子控制系统的信息源,是车辆信息输入重要环节。激光雷达在性能、成本和易用三个维度不断迭代,以适应未来无人驾驶的发展需求。

二、任务目标

(一)知识目标

(1)认知激光雷达的工作原理、结构及特点;
(2)熟悉激光雷达测速、测距的原理及分类;
(3)熟悉激光雷达的技术参数。

(二)技能目标

(1)能够熟练使用激光雷达安装时所需的工具;
(2)能够熟练使用工具和仪器进行激光雷达的调试;
(3)能够独立完成激光雷达安装并牢记注意事项。

(三)素养目标

(1)具有强烈的家国情怀和社会责任感;
(2)能树立持之以恒、精益求精的工匠精神;
(3)养成良好学习习惯和标准意识。

三、任务咨询

(一)激光雷达的定义

激光雷达(LiDAR)是激光探测及测距系统的简称,是一种以激光器作为发射光源,采用光电探测技术手段的主动遥感设备,如图 2-23 所示。激光雷达是工作在光波频段的雷达,它利用光波频段的电磁波先向目标发射探测信号,然后将其接收到的回波信号与发射信号相比较,从而获得目标的位置(距离、方位和高度)、运动状态(速度、姿态)等信息,实现对目标的探测、跟踪和识别。

激光雷达(LiDAR)是集激光、全球定位系统(GPS)和 IMU 惯性测量装置三大技术为一体的系统。

图 2-23 激光雷达

(二)激光雷达类型

1. 按有无机械旋转部件分类

激光雷达按有无机械旋转部件分类,可分为机械激光雷达、固态激光雷达和混合固态激光雷达。

(1)机械激光雷达。机械激光雷达带有控制激光发射角度的旋转部件,体积较大,价格昂贵,测量精度相对较高,一般置于汽车顶部。

(2)固态激光雷达。固态激光雷达依靠电子部件来控制激光发射角度,无须机械旋转部件,故尺寸较小,可安装于车体内。

(3)混合固态激光雷达。混合固态激光雷达没有大体积旋转结构,采用固定激光光源,通过旋转内部玻璃片来改变激光光束方向,实现多角度检测的需要,并且采用嵌入式安装。

2. 按激光线束数量分类

根据激光线束数量的多少,激光雷达又可分为单线束激光雷达与多线束激光雷达。

(1)单线束激光雷达。单线束激光雷达扫描一次只产生一条扫描线,其所获得的数据为 2D 数据,因此无法区别有关目标物体的 3D 信息。但由于单线束激光雷达具有测量速度快、数据处理量少等特点,多被应用于安全防护、地形测绘等领域。

(2)多线束激光雷达。多线束激光雷达扫描一次可产生多条扫描线。目前市场上多线束激光雷达产品包括 4 线束、8 线束、16 线束、32 线束、64 线束、128 线束等,再细分可分为 2.5D 激光雷达及 3D 激光雷达。2.5D 激光雷达与 3D 激光雷达最大的区别在于激光雷达垂直视野的范围,前者垂直视野范围一般不超过 10°,而后者垂直视野范围可达到 30°甚至 40°以上,这也就导致两者在汽车上的安装位置要求有所不同。

3.按无人驾驶安装位置分类

激光雷达根据在无人驾驶汽车安装位置的不同,分为两大类。一类安装在无人驾驶汽车车体四周,另一类安装在无人驾驶汽车的车顶。

(1)安装在无人驾驶汽车车体四周的激光雷达。其激光线束一般小于8线,常见的有单线激光雷达和4线激光雷达。

(2)安装在无人驾驶汽车车顶的激光雷达。其激光线束一般不小于16线,常见的有16线、32线、64线和128线激光雷达。

(三)激光雷达特点

1.激光雷达的优点

(1)分辨率高。激光雷达可以获得极高的角度、距离和速度分辨率。通常激光雷达的角分辨率(发散角)低于0.1 mard(注:mard,光轴稳定度单位,1 mard表示100 m处的10 cm),距离分辨率可达0.1 m/km,速度分辨率能达到10 m/s以内。

(2)探测范围广。激光雷达的激光束发散角度小,能量集中,探测距离可达300 m以上;能够检测周围360°所有物体,生成目标多维度图像。

(3)信息量丰富。激光雷达可直接获取探测目标的距离、角度、反射强度及速度等信息,具有三维建模功能。

(4)可全天候工作。激光主动探测,不依赖于外界光照条件或目标本身的辐射特性,它只需发射自己的激光束,通过探测发射激光束的回波信号来获取目标信息,白天和晚上都可以使用。

(5)抗干扰能力强。激光雷达隐蔽性好,激光束不受无线电波干扰。

2.激光雷达的缺点

(1)容易受到大雾、雨、雪以及工作环境烟尘的影响。

(2)不具备摄像头能识别交通标志和交通信号灯的功能。

(3)与毫米波雷达相比,产品体积大、成本高。

(四)激光雷达组成

1.机械式激光雷达

机械式激光雷达主要由激光发射器、激光接收器、信号处理单元和控制系统这四大核心组件构成,称为激光雷达四大核心组件,如图2-24所示。

(1)激光发射器。激光发射器是激光雷达中的激光发射机构。

(2)激光接收器。激光照射到障碍物以后通过障碍物的反射光线会经由镜头组汇聚到接收器上。

(3)信号处理单元。信号处理单元负责控制激光器的发射、信号处理,计算目标物体的距离等信息。

（4）控制系统/旋转机构。激光反射器和接收器安装在旋转机构上。旋转机构包括电机和转台，将核心部件以稳定的转速旋转起来，实现对所在平面360°的扫描，并产生实时平面图信息。

主控及处理
电路板

激光接收器
激光发射器
接口

图2-24 机械式激光雷达组成

2. MEMS固态激光雷达

MEMS固态激光雷达通常使用固态激光器和部分移动的光学元件（如MEMS镜片）来实现扫描。这种设计减少了大部分机械运动，但仍保留部分运动组件。MEMS固态激光雷达由MEMS偏振镜、激光驱动器、半导体激光器、接收光学镜头、雷达控制芯片组、APD阵列探测器（雪崩光学二极管）、TIA（可变跨导放大器）等组成，如图2-25所示。

奥迪A8固态激光雷达主要由二极管激光器、旋转镜、接收单元、加热前屏幕和FlexRay总线的连接器等构成，其中二极管激光器发射出激光束，可回转的反射镜（700 r/min）将激光束以扇形散发出去，光束照射到其他物体表面后会反射回接收元，如图2-26所示。

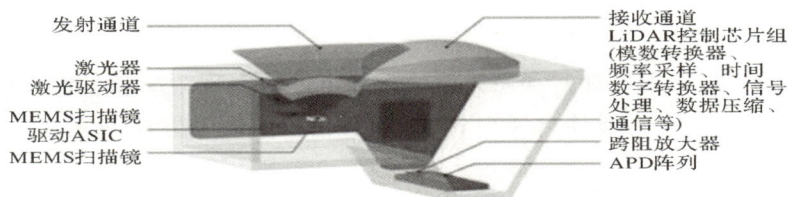

发射通道
激光器
激光驱动器
MEMS扫描镜
驱动ASIC
MEMS扫描镜

接收通道
LiDAR控制芯片组
（模数转换器、
频率采样、时间
数字转换器、信号
处理、数据压缩、
通信等）
跨阻放大器
APD阵列

图2-25 MEMS固态激光雷达

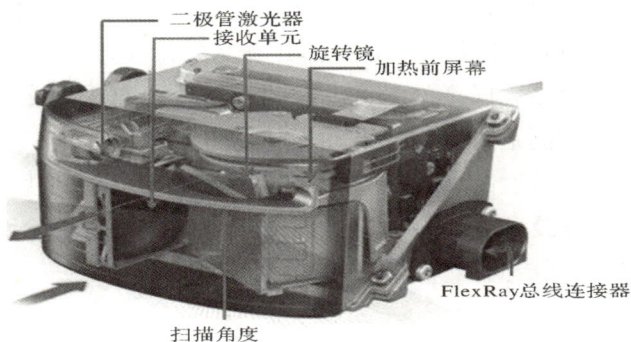

二极管激光器
接收单元
旋转镜
加热前屏幕

FlexRay总线连接器

扫描角度

图2-26 奥迪A8固态激光雷达组成

(五)激光雷达测距原理

根据所发射激光信号的不同形式,激光雷达测距方法可分为脉冲测距法、干涉测距法和相位测距法等。

1.脉冲测距法

用脉冲测距法测量距离时,首先激光器发出一个光脉冲,同时设定的计数器开始计数,当接收系统接收到经过障碍物反射回来的光脉冲时停止计数。计数器所记录的时间就是光脉冲从发射到接收所用的时间。光速是一个固定值,因此只要得到发射到接收所用的时间就可以算出所要测量的距离,如图 2-27 所示。

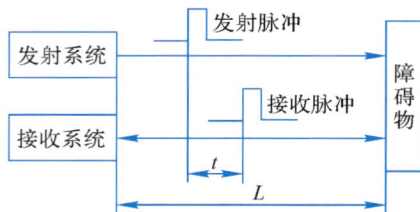

图 2-27 脉冲测距法的测距原理

设 c 为光在空气中传播的速度,$c=3\times10^8$ m/s,光脉冲从发射到接收的时间为 t,则待测距离为 $L=ct/2$。

脉冲测距法所测的距离比较远,发射功率较高,一般从几瓦到几十瓦不等,最大射程可达几十千米。脉冲测距法的关键则是对激光飞行时间的精确测量。脉冲测距法测量的精度和分辨率与发射信号带宽或处理后的脉冲宽度有关,脉冲越窄,性能越好。

2.干涉测距法

干涉测距法的基本原理是利用光波的干涉特性而实现距离测量的方法。根据干涉原理,产生干涉现象的条件是两列有相同频率、相同振动方向的光相互叠加,并且这两列光的相位差固定。

3.相位测距法

相位测距法的测距原理是利用发射波和返回波之间所形成的相位差来测量距离的。首先,经过调制的频率通过发射系统发出一个正弦波的光束,然后,通过接收系统接收经过障得物反射之后回来的激光。只要求出这两束光波之间的相位差,便可通过此相位差计算出待测距离。

相位测距法由于其精度高、体积小、结构简单且昼夜可用的优点,被公认为是最有发展潜力的距离测量技术之一。相比于其他类型的测距方法,相位测距法是朝着小型化、高稳定性且方便与其他仪器集成的方向发展的。

(六)激光雷达的应用

多线束激光雷达具有高精度电子地图和定位、障碍物识别、可通行空间检测、障碍物轨迹预测等功能。

（1）高精度电子地图和定位。利用多线束激光雷达的点云信息与车载组合惯导采集的信息,进行高精度电子地图制作。无人驾驶汽车利用激光点云信息与高精度电子地图匹配,以此实现高精度定位

（2）障碍物识别。利用高精度电子地图限定感兴趣区域(RO)后,根据障碍物特征和识别算法,进行障碍物检测与识别。

（3）可通行空间检测。利用高精度电子地图限定 ROI 后,可以对 ROI 内部(比如可行驶道路和交叉口)点云的高度及连续性信息判断点云处是否可通行。

（4）障碍物轨迹预测。根据激光雷达的感知数据与障碍物所在车道的拓扑关系(道路连接关系)进行障碍物的轨迹预测,以此作为无人驾驶汽车规划(避障、换道、超车等)的判断依据。

L4 级和 L5 级的智能网联汽车必须使用多线束激光雷达,向 360°范围内发射激光,从而达到 360°扫描并获取车辆周围行驶区域的三维点云,通过比较连续感知的点云、物体的差异检测其运动,由此创建一定范围内的 3D 地图,进行精准定位和路径跟踪。

四、任务实施

（一）任务信息

任务信息见表 2-16。

表 2-16　任务信息

任务名称	激光雷达的拆装与调试
实训设备	激光雷达实训台架
实训场地	环境感知技术实训室
任务描述	利用实训台架进行激光雷达的拆装与调试

（二）准备工作

准备工作见表 2-17。

表 2-17　准备工作

准备项目	准备内容
场地准备	光线充足,场地平整
教具文具	白板、白板笔
设备准备	激光雷达实训台架,网络正常
资料准备	激光雷达实训台技术手册

（三）实施流程

实施流程见表 2-18。

表 2-18　实施流程

实施步骤	实施结果	备　注
1.激光雷达检查		1.激光雷达安装位置； 2.激光雷达外观
2.观看激光雷达传感器的拆卸与安装教学视频		
3.拆装工具准备		实训台下电状态进行拆装
4.16 线机械式激光雷达拆卸		1.断开激光雷达线束； 2.使用工具扭松台架上激光雷达的固定螺丝； 3.取下螺丝,拿下雷达； 4.将雷达支架固定螺丝拧松并取下支架； 5.将雷达底座固定螺丝拧松并取下底座
5.16 线机械式激光雷达安装		1.安装底座； 2.安装支架； 3.装回台架； 4.连接雷达线束。 注意:雷达线束朝向车辆尾部

续表

实施步骤	实施结果	备　注
6.实训台上电,传感器上电	启动开关	1.实训台供电为交流 220 V; 2.传感器电源开关在显示屏下方中央,供电电压为直流 12 V
7.登录 Ubuntu 系统		
8.打开实训台工作界面		点击桌面上激光传感器实训台教学软件图标
9.进入装调-调试界面		
10.单线机械激光雷达调试		1.选择为单线激光雷达; 2.参数设置-最大探测距离; 3.启动:界面开始显示单线激光雷达的点云图
11.16 线机械式激光雷达调试		1.选择为16线激光雷达; 2.参数设置-最大探测距离; 3.启动:界面开始显示 16 线激光雷达的点云图

续表

实施步骤	实施结果	备　注
12.16 线固态激光雷达调试		1. 选择为固态激光雷达； 2. 参数设置-最大探测距离； 3. Topic 选择为 /lslidar _ point _ cloud _ ch16，Fixed Frame 选择为 laser_link； 4. 启动：界面开始显示 16 线固态激光雷达的点云图
13. 关闭所有程序并下电		

(四)恢复整理

恢复整理见表 2-19。

表 2-19　恢复整理

类　别	基本内容
实训设备维护和检查	检查智能网联汽车系统平台实训设备的状态,包括车辆、工具、仪器等
实训设备及资料整理	智能网联汽车系统平台下电并锁定,车辆钥匙及相关资料存放在适当的位置
实训场地清洁和整理	对实训场地进行清扫,确保地面干净整洁,没有杂物和垃圾
实训场地安全检查	检查实训场地的安全设施,如防火设备、紧急出口等,确保其正常运行

(五)任务评价

任务评价见表 2-20。

表 2-20　任务评价

考核内容	评价标准	分　值
出勤情况	全勤满分	10
	迟到早退扣 5 分,旷课扣 100 分	
学习态度	课堂纪律好,学习态度端正,认真好学,积极主动	20
	其他情况,视实际表现酌情减、扣分	
设备工具	按照项目规程规范、熟练使用设备、工具,使用完毕后及时清理归位	20
	其他情况,视实际表现酌情减、扣分	
实际操作	在规定时间内,按照操作规程完成项目且结果准确	30
	其他情况,视实际表现酌情减、扣分	
实训报告	按时、准确完成全部作业,且有独到见解	20
	其他情况,视实际表现酌情减、扣分	

五、任务小结

本次激光雷达拆装与调试任务主要讲述了激光雷达的定义、类型、组成、特点、测距原理及其应用等理论知识,在此基础上安排激光雷达检查、拆装与调试等技能训练。通过本次任务,在激光雷达认知方面积累了丰富的经验,提升作为智能网联汽车调试员的综合能力。激光雷达在性能、成本和易用三个维度不断迭代,以适应未来无人驾驶的发展需求。

任务五 视觉传感器检查与标定

一、任务导入

视觉传感器是智能网联汽车的"眼睛",它利用计算机视觉技术,通过处理摄像镜头捕捉的图像,汽车就可以知道外界环境,并获取信息,通过智能决策对汽车做出调控。客户车辆上电后发现,仪表上显示,车道保持,主动制动辅助不可用,摄像头视野受限,会有哪些故障原因呢?

二、任务目标

(一)知识目标

(1)掌握智能网联汽车高级驾驶辅助系统的定义与组成;
(2)了解智能网联汽车高级驾驶辅助系统的功能分类;
(3)了解智能网联汽车高级驾驶辅助系统的发展趋势。

(二)技能目标

(1)了解智能网联汽车系统平台的整体架构和各个模块的功能;
(2)掌握智能网联汽车系统平台的基本操作和使用;
(3)了解智能网联汽车平台的通信协议和标准,以及各设备间的互操作性。

(三)素养目标

(1)鼓励学生主动思考问题,积极提出新的观点和想法,培养学生的创新意识;
(2)促进学生在不同学科领域之间建立联系,培养他们跨学科的思考能力;
(3)激发学生的内在学习动机,培养学生主动探索知识、解决问题的能力。

三、任务咨询

(一)视觉传感器的定义

视觉传感器又叫摄像头,如图 2-28 所示。其主要功能是通过对摄像头拍摄到的原始图像进行图像处理,对目标进行检测,并输出数据和判断结果的传感器。把光源、摄像机、图像处理器、标准的控制与通信接口等集成一体的视觉传感器常称为一个智能图像采集与处理单元。

视觉传感器在智能网联汽车或无人驾驶汽车上的应用是以摄像头(机)出现,并搭载先进的人工智能算法,便于目标检测和图像处理。

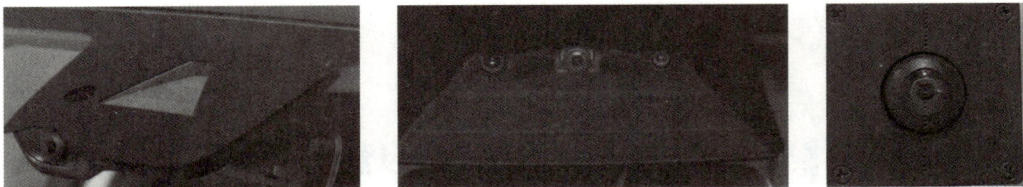

图 2-28　视觉传感器

(二)视觉传感器的组成

视觉传感器主要由光源、镜头、图像传感器、模数转换器、图像处理器以及图像存储器等组成,如图 2-29 所示,其主要功能是获取视觉传感器要处理的最原始图像。

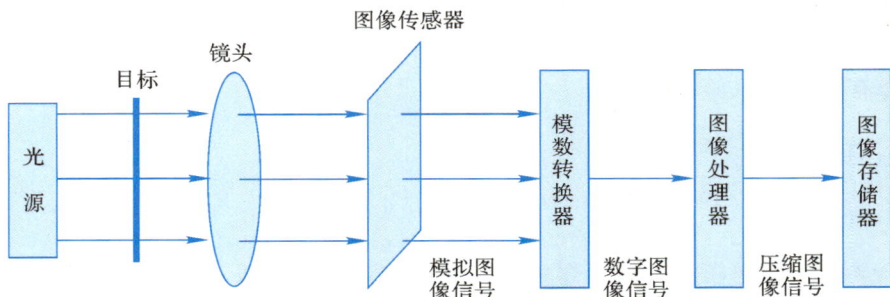

图 2-29　视觉传感器的组成

(三)视觉传感器的类型

视觉传感器在智能网联汽车上的应用是以摄像头方式出现的,分类形式比较多。

1.按传感器模块分类

它一般分为单目摄像头、双目摄像头、三目摄像头、环视摄像头等。

(1)单目摄像头。一般安装在前风窗玻璃上部,用于探测车辆前方环境,识别道路、车辆、行人等,先通过图像匹配进行目标识别(各种车型、行人、物体等),再通过目标在图像中的大小去估算目标距离。

单目摄像头的优点是成本低廉,能够识别具体障碍物的种类,识别准确;缺点是由于其识别原理导致其无法识别没有明显轮廓的障碍物,工作准确率与外部光线条件有关,并且受限于数据库,没有自学习功能。

(2)双目摄像头。它是通过对双目摄像头拍摄到的两幅图像视差的计算,直接对前方景物(图像所拍摄到的范围)进行距离测量的,而无须判断前方出现的是什么类型的障碍物。相比于单目摄像头,双目摄像头没有识别率的限制,无须先识别,可直接进行测量;其精度更高且无须维护样本数据库。相比单目摄像头,双目摄像头硬件成本和计算量级都大幅增加。

(3)三目摄像头。三目摄像头感知范围更大,但需同时标定三个摄像头,因此工作量大、算法更复杂。

(4)环视摄像头。环视摄像头一般至少包括 4 个摄像头,实现 360°环境感知。

2.按照使用环境分类

它一般分为红外摄像头和普通摄像头。

(1)红外摄像头既适合于白天工作,也适合于夜间工作,即可以全天时持续工作。红外摄像头通过红外线照射物体,反射后被摄像头接收,形成视频图像。

(2)普通摄像头只适合于白天工作,不适合黑夜工作。普通摄像头则依赖于可见光来捕捉图像,在光线不足的情况下,如夜间,其成像效果会大打折扣。

3.按视野覆盖位置分类

它一般分为前视视觉传感器、侧视视觉传感器、后视视觉传感器、内视视觉传感器。

(1)前视视觉传感器。其应用场景如车道偏离预警系统(LDW)、前向碰撞预警系统(FCW)、交通标志识别系统(TSR)。

(2)侧视视觉传感器。其应用场景如停车辅助系统(PAS)中、采集车辆周围的图像、通过对图像处理单元进行处理和增强;形成车辆 360°全景仰视图。

(3)后视视觉传感器。其应用场景如交通状况识别、辅助泊车。

(4)内视视觉传感器。其应用场景如驾驶员注意力监控系统(DMS)、驾乘身份识别。

(四)视觉传感器的特点

(1)视觉图像的信息量极为丰富。尤其是彩色图像,不仅包含视野内物体的距离信息,而且还有物体的颜色、纹理、深度和形状等信息。

(2)在视野范围内可同时实现道路检测、车辆检测、行人检测、交通标志检测以及交通信号灯检测等,信息获取量大。当多辆智能网联汽车同时工作时,也不会出现相互干扰的现象。

(3)视觉信息获取的是实时的场景图像。它提供的信息不依赖于先验知识,比如 GPS 导航依赖地图信息,具有较强的适应环境的能力。

(4)视觉传感器应用广泛。视觉传感器在智能网联汽车中可以前视、后视、侧视、内视、环视等。以前视觉传感器为例,夜视、车道偏离预警、碰撞预警、交通标志识别等要求视觉系统在各种天气和路况条件下,能够清晰识别车道线、车辆、障碍物、交通标志等。

(五)视觉传感器的技术参数

视觉传感器的技术参数主要有相机的内部参数和相机的外部参数。

1. 相机的内部参数

相机的内部参数是与相机自身特性相关的参数,主要有焦距、光学中心、图像尺寸和畸变系数等。

(1)焦距。焦距是指摄像头的光学中心到图像传感器的距离。摄像头的焦距与水平视场角、影像大小密切相关。焦距越小,光学中心就越靠近感光元件,水平视场角越大,拍摄到的影像越大;焦距越大,光学中心就越远离感光元件,水平视场角越小,拍摄到的影像越小。

(2)光学中心。相机的镜头是由多个镜片构成的复杂光学系统,光学系统的功能等价于一个薄透镜,但实际上薄透镜是不存在的。光学中心是这一等价透镜的中心。不同结构的镜头其光学中心位置也不一样,大部分在镜头内的某一位置,但也有在镜头前方或镜头后方的。

(3)图像尺寸。图像尺寸是指构成图像的长度和宽度,可以用像素为单位,也可以用 cm 为单位。

图像尺寸与分辨率有关。分辨率是指单位长度中所表达或截取的像素数目,即表示每英寸图像内的像素点数,单位是 PPI。图像分辨率越高,像素的点密度越高,图像越清晰。

图像的像素、尺寸和分辨率具有以下关系:

1)像素相同的情况下,图像尺寸越小,单位面积内像素点越多,分辨率越大,画面看起来越清晰。这也就是为什么同一张图片,尺寸越大,画面越模糊的原因。

2)图像的分辨率越高,画面看起来越清晰。

3)图像的分辨率取决于图像的像素和尺寸,像素高且尺寸小的图片,分辨率大,因此画面看起来更清晰。

4)图像的像素越高,并不意味着画面越清晰,但是在同等分辨率要求的情况下,能够以更大的尺寸显示图片。

如果把单位 in 改为 cm,需要进行换算(如 72 pixel/in = 28.346 pixel/cm,300 pixel/in=118.11 pixel/cm),即 1 cm=0.393 7 in,1 in=2.54 cm。

(4)畸变系数。畸变系数分为径向畸变系数和切向畸变系数。径向畸变发生在相机坐标系转向物理坐标系的过程中,切向畸变产生的原因是透镜不完全平行于图像。

径向畸变就是沿着透镜半径方向分布的畸变,产生原因是光线在远离透镜中心的地方比靠近中心的地方更加弯曲,这种畸变在普通廉价的镜头中表现得更加明显,径向畸变主要包括枕形畸变和桶形畸变两种

切向畸变是由于透镜本身与摄像头平面(像平面)或图像平面不平行而产生的,这种情况多是由于透镜被粘贴到镜头模组上的安装偏差导致。

2. 摄像头的外部参数

摄像头的外部参数是指相机的安装位置,即摄像头离地高度以及摄像头相对于

车辆坐标系的旋转角度。离地高度是指从地面到摄像头焦点的垂直高度。

(1)离地高度。摄像头离地高度是指从地面到相机焦点的垂直高度,如图 2-30 所示。

图 2-30　摄像头离地高度

(2)旋转角度。摄像头相对于车辆坐标系的旋转角度有俯仰角、偏航角和横滚角。

俯仰运动(Pitch)是指摄像头绕车辆坐标系 Y_v 轴的转动,偏航运动(Yaw)是指摄像头绕车辆坐标系 Z_v 轴的转动,横滚运动(Roll)是指摄像头绕车辆坐标系 X_v 轴的转动,如图 2-31 所示。

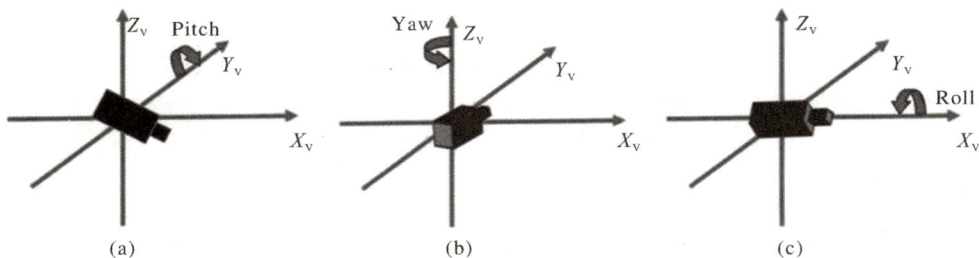

图 2-31　摄像头的旋转运动

(a)俯仰运动;(b)偏航运动;(c)横滚

相机的外部参数可以通过棋盘格标定获得,但要注意标准镜头和鱼眼镜头的差别。

(六)视觉传感器的应用

视觉传感器具有车道线识别、障碍物检测、交通标志和地面标志识别、交通信号灯识别、可行空间检测等功能。

(1)车道线识别。车道线是视觉传感器能够感知的最基本信息,拥有车道线检测功能,即可实现高速公路的车道保持功能。

(2)障碍物检测。车辆周围环境中障碍物种类很多,如汽车、行人、自行车、动物、建筑物等,有了障碍物信息,无人驾驶汽车即可完成车道内的跟车行驶。

(3)交通标志和地面标志识别。交通标志和地面标志作为道路特征与高精度地图匹配后,可以辅助定位,也可以基于这些感知结果进行地图的更新。

(4)交通信号灯识别。交通信号灯状态的感知能力对于城区行驶的无人驾驶汽车十分重要。

(5)可通行空间检测。可通行空间表示无人驾驶汽车可以正常行驶的区域。

随着人工智能的机器学习、深度学习等在图像处理算法中的应用,视觉传感器的功能会越来越强大,在智能网联汽车上的应用将更广泛。

四、任务实施

(一)任务信息

任务信息见表2-21。

表2-21 任务信息

任务名称	单目摄像头标定
实训设备	1+x考核实训车
实训场地	车路协同区
任务描述	利用标定板对单目摄像头进行标定

(二)准备工作

准备工作见表2-22。

表2-22 准备工作

准备项目	准备内容
场地准备	光线充足,场地平整
教具文具	白板、白板笔、一体机、HDMI线(5 m)
设备准备	1+x考核实训车电量充足、标定板、钥匙、键盘
资料准备	智能驾驶教学平台说明书11.30、教学车操作文档(摄像头标定)

(三)实施流程(基于usb_cam package读取图像)

实施流程见表2-23。

表2-23 实施流程

实施步骤	实施结果	备 注
1.单目摄像头检查		1.摄像头安装位置; 2.摄像头有无脏污、遮挡、破裂; 3.安装支架有无变形、固定不牢; 4.连接线束是否异常; 5.线束插接器有无松动、变形

续表

实施步骤	实施结果	备　注
2.实训车上电		
3.配置环境变量。 打开一个终端,依次输入下面的指令 source ～/data/hong ＿ ws/devel/setup. bash		
4.打开摄像头 roslaunch usb ＿ cam usb ＿ cam-test. launch		
5.启动标定程序。 打开一个新终端,输入 rosruncamera ＿ calibration cameracalibrator. py —— size 8x6 —— square 0. 108image：＝/usb_cam/image＿raw camera：＝/usb_cam		
6.移动棋盘标定板进行标定。 使标定板尽量出现在摄像头视野的范围里。直到进度条都变成绿色为止,激活第一个按钮		
7. 保存标定数据。按下CALIBRATE按钮,等 "save"和"commit"按钮也激活,点击 save 保存,完成整个标定		

续表

实施步骤	实施结果	备　注
8.关闭所有程序		

(四)恢复整理

恢复整理见表 2-24。

表 2-24　恢复整理

类　别	基本内容
实训设备维护和检查	检查智能网联汽车系统平台实训设备的状态,包括车辆、工具、仪器等
实训设备及资料整理	智能网联汽车系统平台下电并锁定,车辆钥匙及相关资料存放在适当的位置
实训场地清洁和整理	对实训场地进行清扫,确保地面干净整洁,没有杂物和垃圾
实训场地安全检查	检查实训场地的安全设施,如防火设备、紧急出口等,确保其正常运行

(五)任务评价

任务评价见表 2-25。

表 2-25　任务评价

考核内容	评价标准	分　值
出勤情况	全勤满分	10
	迟到早退扣 5 分,旷课扣 100 分	
学习态度	课堂纪律好,学习态度端正,认真好学,积极主动	20
	其他情况,视实际表现酌情减、扣分	
设备工具	按照项目规程规范、熟练使用设备、工具,使用完毕后及时清理归位	20
	其他情况,视实际表现酌情减、扣分	
实际操作	在规定时间内,按照操作规程完成项目且结果准确	30
	其他情况,视实际表现酌情减、扣分	
实训报告	按时、准确完成全部作业,且有独到见解	20
	其他情况,视实际表现酌情减、扣分	

五、任务小结

本次视觉传感器检查与标定任务主要讲述了视觉传感器的定义、组成、类型、特点、技术参数及其应用等理论知识,在此基础上以实际工作岗位情景引入进行视觉传感器检查与标定训练。核心内容是从技术层面解决环境感知传感器中摄像头的检修问题,适应智能驾驶新技术带来的诊断思维。通过本次任务,掌握视觉传感器基础知识,提升作为智能网联汽车调试员的综合能力。

▶**实训工单一**

1.超声波雷达检查与拆装

任务名称	超声波雷达检查与拆装	学时		班级	
学生姓名		学生学号		任务成绩	
实训设备、工具及仪器	超声波雷达实训台架	实训场地		日期	
任务描述	本任务实施主要是加强学生团结协作能力,通过任务实施、评价及反馈,帮助学生查找问题,理论结合实践,完成超声波雷达检查与拆装				
任务目的	掌握超声波雷达检查与拆装的标准流程				
任务步骤	任务要点		实施记录		
任务准备	1.穿工作服,佩戴劳保用品; 2.严禁非专业人员或无教师在场的情况下私自对实训台进行操作; 3.实训场地封闭,消防器材布置合格; 4.实训过程中需要至少两人配合完成		是否完成:是□　否□		
工具准备	超声波雷达实训台、无线鼠标和键盘				
设备基础检查	1.检查实训台是否平稳放置; 2.检查实训台是否能够整车上下电;		是否完成:是□　否□ 是否完成:是□　否□		
超声波雷达检查与拆装实施流程	1.超声波雷达检查; 2.实训台上电,传感器上电; 3.登录 Ubuntu 系统; 4.打开实训台工作界面; 5.进入装调-调试界面; 6.移动目标物进行调试; 7.关闭所有程序并下电,进行超声波雷达拆装		是否完成:是□　否□ 是否完成:是□　否□ 是否完成:是□　否□ 是否完成:是□　否□ 是否完成:是□　否□ 是否完成:是□　否□ 是否完成:是□　否□		
操作完毕	实训设备、工具及资料整理,场地清洁		是否完成:是□　否□		
任务总结	超声波雷达检查与拆装总结:				

续表

评价反思	评 价 表			
	项 目	评价指标	自 评	互 评
	专业技能	正确进行超声波雷达检查与拆装	合格□ 不合格□	合格□ 不合格□
		按照任务要求完成作业内容	合格□ 不合格□	合格□ 不合格□
		完整填写工单	合格□ 不合格□	合格□ 不合格□
	工作态度	着装规范,符合职业要求	合格□ 不合格□	合格□ 不合格□
		正确查阅相关资料和学习资料	合格□ 不合格□	合格□ 不合格□
		目标明确,独立完成	合格□ 不合格□	合格□ 不合格□
	个人反思	完成任务的安全、质量、时间和 5S 要求,是否达到最佳程度,请提出个人改进建议		
	教师评价	教师签字: 　　　年　月　日	合格□ 不合格□ 合格□ 不合格□	合格□ 不合格□ 合格□ 不合格□

2.毫米波雷达品质检测

任务名称	毫米波雷达品质检测		学时		班级	
学生姓名			学生学号		任务成绩	
实训设备、工具及仪器	长安深蓝国赛车、带专用软件的笔记本、CAN卡、角反射器、卷尺工具车、安全防护用品		实训场地		日期	
任务描述	本任务实施主要是加强对毫米波雷达品质检测一丝不苟的工匠精神,通过任务实施、评价及反馈,帮助学生查找问题,理论结合实践,完成毫米波雷达品质检测					
任务目的	掌握毫米波雷达品质检测的标准流程					
任务步骤	任务要点		实施记录			
任务准备	1.穿工作服,佩戴劳保用品; 2.严禁非专业人员或无教师在场的情况下私自对车辆进行操作; 3.实训场地封闭,消防器材布置合格; 4.实训过程中需要至少两人配合完成		是否完成:是□ 否□			
工具准备	国赛车、工具车、安全防护用品					
车辆基础检查	1.检查实训车辆是否平稳放置; 2.检查实训车辆是否能够整车上下电		是否完成:是□ 否□ 是否完成:是□ 否□			
毫米波雷达品质检测实施流程	1.操作准备; 2.硬件连接; 3.CAN卡与调试界面连接,打开调试软件; 4.调试界面设置; 5.读取角反射器数据,并记录; 6.调取原始数据帧; 7.数据帧的解析; 8.关闭所有程序; 9.实训车下电		是否完成:是□ 否□ 是否完成:是□ 否□ 是否完成:是□ 否□ 是否完成:是□ 否□ 是否完成:是□ 否□ 是否完成:是□ 否□ 是否完成:是□ 否□ 是否完成:是□ 否□ 是否完成:是□ 否□			
操作完毕	实训设备、工具及资料整理,场地清洁		是否完成:是□ 否□			
任务总结	毫米波雷达品质检测总结:					

续表

评价反思	评 价 表			
	项　目	评价指标	自　评	互　评
	专业技能	正确进行毫米波雷达品质检测	合格□　不合格□	合格□　不合格□
		按照任务要求完成作业内容	合格□　不合格□	合格□　不合格□
		完整填写工单	合格□　不合格□	合格□　不合格□
	工作态度	着装规范，符合职业要求	合格□　不合格□	合格□　不合格□
		正确查阅相关资料和学习资料	合格□　不合格□	合格□　不合格□
		目标明确，独立完成	合格□　不合格□	合格□　不合格□
	个人反思	完成任务的安全、质量、时间和 5S 要求，是否达到最佳程度，请提出个人改进建议		
	教师评价	教师签字：　　年　月　日	合格□　不合格□　　合格□　不合格□	

3. 毫米波雷达拆装与调试

任务名称	毫米波雷达拆装与调试	学时		班级	
学生姓名		学生学号		任务成绩	
实训设备、工具及仪器	毫米波雷达实训台、角反射器、卷尺、通用工具、安全防护用品	实训场地		日期	
任务描述	本任务实施主要是加强对毫米波雷达拆装与调试的质量意识,通过任务实施、评价及反馈,帮助学生查找问题,理论结合实践,完成毫米波雷达拆装与调试				
任务目的	掌握毫米波雷达拆装与调试的方法				
任务步骤	任务要点	实施记录			
任务准备	1.穿工作服,佩戴劳保用品; 2.严禁非专业人员或无教师在场的情况下私自对车辆进行操作; 3.实训场地封闭,消防器材布置合格; 4.实训过程中需要至少两人配合完成	是否完成:是□ 否□			
工具准备	毫米波雷达实训台、通用工具、安全防护用品				
实训设备基础检查	1.检查实训台是否平稳放置; 2.检查实训台是否能够上下电	是否完成:是□ 否□ 是否完成:是□ 否□			
毫米波雷达拆装与调试实施流程	1.毫米波雷达检查; 2.观看毫米波雷达传感器的拆卸与安装教学视频; 3.77 GHz毫米波雷达拆卸; 4.77 GHz毫米波雷达安装; 5.实训台上电,传感器上电; 6.登录Ubuntu系统; 7.打开实训台工作界面; 8.进入装调-调试界面; 9.77 GHz毫米波雷达调试参数设置; 10.77 GHz毫米波雷达检测数据的可视化图表; 11.数据解析; 12.24 GHz毫米波雷达调试; 13.关闭所有程序并下电	是否完成:是□ 否□ 是否完成:是□ 否□ 是否完成:是□ 否□ 是否完成:是□ 否□ 是否完成:是□ 否□ 是否完成:是□ 否□ 是否完成:是□ 否□ 是否完成:是□ 否□ 是否完成:是□ 否□ 是否完成:是□ 否□ 是否完成:是□ 否□ 是否完成:是□ 否□ 是否完成:是□ 否□ 是否完成:是□ 否□			
操作完毕	实训设备、工具及资料整理,场地清洁				
任务总结	毫米波雷达拆装与调试总结:				

续表

评价反思	评价表			
	项　目	评价指标	自　评	互　评
	专业技能	正确进行毫米波雷达品质检测	合格☐　不合格☐	合格☐　不合格☐
		正确进行毫米波雷达调试	合格☐　不合格☐	合格☐　不合格☐
		按照任务要求完成作业内容	合格☐　不合格☐	合格☐　不合格☐
		完整填写工单	合格☐　不合格☐	合格☐　不合格☐
	工作态度	着装规范,符合职业要求	合格☐　不合格☐	合格☐　不合格☐
		正确查阅相关资料和学习资料	合格☐　不合格☐	合格☐　不合格☐
		目标明确,独立完成	合格☐　不合格☐	合格☐　不合格☐
	个人反思	完成任务的安全、质量、时间和5S要求,是否达到最佳程度,请提出个人改进建议		
	教师评价	教师签字:　　　　年　月　日	合格☐　不合格☐　　合格☐　不合格☐	合格☐　不合格☐　　合格☐　不合格☐

4.毫米波雷达标定

任务名称	毫米波雷达标定		学时		班级	
学生姓名			学生学号		任务成绩	
实训设备、工具及仪器	毫米波雷达实训台、激光测距仪、水平仪、角度尺、卷尺、通用工具、安全防护用品		实训场地		日期	
任务描述	本任务实施主要是加强对毫米波雷达标定的标准意识,通过任务实施、评价及反馈,帮助学生查找问题,理论结合实践,完成毫米波雷达标定					
任务目的	掌握毫米波雷达标定的标准流程,培养学生质量意识					
任务步骤	任务要点			实施记录		
任务准备	1.穿工作服,佩戴劳保用品; 2.严禁非专业人员或无教师在场的情况下私自对车辆进行操作; 3.实训场地封闭,消防器材布置合格; 4.实训过程中需要至少两人配合完成			是否完成:是□　否□		
工具准备	毫米波雷达实训台、专用工具、通用工具、安全防护用品					
实训设备基础检查	1.检查实训台是否平稳放置; 2.检查实训台是否能够上下电			是否完成:是□　否□ 是否完成:是□　否□		
毫米波雷达标定实施流程	1.毫米波雷达检测; 2.实训台上电,传感器上电; 3.登录 Ubuntu 系统; 4.打开实训台工作界面; 5.进入装调-标定界面; 6.77 GHz毫米波雷达俯仰角调整; 7.确定角反射器的高度; 8.确定角反射器与毫米波雷达的距离; 9.参数设置; 10.启动标定功能; 11.关闭所有程序并下电			是否完成:是□　否□ 是否完成:是□　否□ 是否完成:是□　否□ 是否完成:是□　否□ 是否完成:是□　否□ 是否完成:是□　否□ 是否完成:是□　否□ 是否完成:是□　否□ 是否完成:是□　否□ 是否完成:是□　否□ 是否完成:是□　否□		
操作完毕	实训设备、工具及资料整理,场地清洁			是否完成:是□　否□		
任务总结	毫米波雷达标定总结:					

续表

评价表				
项 目	评价指标	自 评		互 评
专业技能	正确进行毫米波雷达标定	合格□ 不合格□	合格□ 不合格□
	按照任务要求完成作业内容	合格□ 不合格□	合格□ 不合格□
	完整填写工单	合格□ 不合格□	合格□ 不合格□
工作态度	着装规范,符合职业要求	合格□ 不合格□	合格□ 不合格□
	正确查阅相关资料和学习资料	合格□ 不合格□	合格□ 不合格□
	目标明确,独立完成	合格□ 不合格□	合格□ 不合格□
个人反思	完成任务的安全、质量、时间和5S要求,是否达到最佳程度,请提出个人改进建议		
教师评价	教师签字:　　　　年　月　日	合格□ 不合格□	合格□ 不合格□
		合格□ 不合格□	合格□ 不合格□

评价反思

5.激光雷达拆装与调试

任务名称	激光雷达拆装与调试		学时		班级	
学生姓名			学生学号		任务成绩	
实训设备、工具及仪器	激光雷达实训台、通用工具、安全防护用品		实训场地		日期	
任务描述	本任务实施主要是加强对激光雷达拆装与调试的标准意识和质量意识,通过任务实施、评价及反馈,帮助学生查找问题,理论结合实践,完成激光雷达实训内容					
任务目的	掌握激光雷达拆装与调试的标准流程,培养学生标准意识和质量意识					
任务步骤	任务要点			实施记录		
任务准备	1.穿工作服,佩戴劳保用品; 2.严禁非专业人员或无教师在场的情况下私自对车辆进行操作; 3.实训场地封闭,消防器材布置合格; 4.实训过程中需要至少两人配合完成			是否完成:是□　否□		
工具准备	激光雷达实训台、专用工具、通用工具、安全防护用品					
实训设备基础检查	1.检查实训台是否平稳放置; 2.检查实训台是否能够上下电			是否完成:是□　否□ 是否完成:是□　否□		
激光雷达拆装与调试实施流程	1.激光雷达检查; 2.观看激光雷达传感器的拆卸与安装教学视频; 3.拆装工具准备; 4.16线机械式激光雷达拆卸; 5.16线机械式激光雷达安装; 6.实训台上电,传感器上电; 7.登录 Ubuntu 系统; 8.打开实训台工作界面; 9.进入装调-调试界面; 10.单线机械激光雷达调试; 11.16线机械式激光雷达调试; 12.16线固态激光雷达调试; 13.关闭所有程序并下电			是否完成:是□　否□ 是否完成:是□　否□ 是否完成:是□　否□ 是否完成:是□　否□ 是否完成:是□　否□ 是否完成:是□　否□ 是否完成:是□　否□ 是否完成:是□　否□ 是否完成:是□　否□ 是否完成:是□　否□ 是否完成:是□　否□ 是否完成:是□　否□ 是否完成:是□　否□		
操作完毕	实训设备、工具及资料整理,场地清洁			是否完成:是□　否□		
任务总结	激光雷达拆装与调试总结:					

续表

评 价 表					
项 目	评价指标	自 评		互 评	
专业技能	正确进行激光雷达拆装	合格☐	不合格☐	合格☐	不合格☐
	正确进行激光雷达调试	合格☐	不合格☐	合格☐	不合格☐
	按照任务要求完成作业内容	合格☐	不合格☐	合格☐	不合格☐
	完整填写工单	合格☐	不合格☐	合格☐	不合格☐
工作态度	着装规范，符合职业要求	合格☐	不合格☐	合格☐	不合格☐
	正确查阅相关资料和学习资料	合格☐	不合格☐	合格☐	不合格☐
	目标明确，独立完成	合格☐	不合格☐	合格☐	不合格☐
个人反思	完成任务的安全、质量、时间和 5S 要求，是否达到最佳程度，请提出个人改进建议				
教师评价	教师签字： 　　　　年　月　日	合格☐	不合格☐	合格☐	不合格☐
		合格☐	不合格☐	合格☐	不合格☐

评价反思

6.单目摄像头标定

任务名称	单目摄像头标定		学时		班级	
学生姓名			学生学号		任务成绩	
实训设备、工具及仪器	智能网联汽车、标定板、工具车、安全防护用品		实训场地		日期	
任务描述	本任务实施主要是加强对摄像头标定的标准意识,通过任务实施、评价及反馈,帮助学生查找问题,理论结合实践,完成摄像头内参标定					
任务目的	掌握摄像头标定的方法					
任务步骤	任务要点			实施记录		
任务准备	1.穿工作服,佩戴劳保用品; 2.严禁非专业人员或无教师在场的情况下私自对车辆进行操作; 3.实训场地封闭,消防器材布置合格; 4.实训过程中需要至少两人配合完成			是否完成:是□ 否□		
工具准备	智能网联汽车、工具车、安全防护用品					
车辆基础检查	1.检查智能网联实训车是否平稳放置; 2.检查智能网联实训车是否能够整车上下电			是否完成:是□ 否□ 是否完成:是□ 否□		
摄像头标定实施流程	1.摄像头检查; 2.实训车上电; 3.配置环境变量; 4.打开摄像头; 5.启动标定程序; 6.移动棋盘标定板进行标定; 7.保存标定数据; 8.关闭所有程序; 9.实训车下电			是否完成:是□ 否□ 是否完成:是□ 否□ 是否完成:是□ 否□ 是否完成:是□ 否□ 是否完成:是□ 否□ 是否完成:是□ 否□ 是否完成:是□ 否□ 是否完成:是□ 否□ 是否完成:是□ 否□		
操作完毕	实训设备、工具及资料整理,场地清洁			是否完成:是□ 否□		
任务总结	摄像头标定总结:					

续表

评 价 表						
项 目	评价指标	自 评			互 评	
专业技能	正确进行摄像头标定	合格☐	不合格☐	合格☐	不合格☐	
	按照任务要求完成作业内容	合格☐	不合格☐	合格☐	不合格☐	
	完整填写工单	合格☐	不合格☐	合格☐	不合格☐	
工作态度	着装规范,符合职业要求	合格☐	不合格☐	合格☐	不合格☐	
	正确查阅相关资料和学习资料	合格☐	不合格☐	合格☐	不合格☐	
	目标明确,独立完成	合格☐	不合格☐	合格☐	不合格☐	
个人反思	完成任务的安全、质量、时间和5S要求,是否达到最佳程度,请提出个人改进建议					
教师评价	教师签字:　　　年　月　日	合格☐	不合格☐	合格☐	不合格☐	
		合格☐	不合格☐	合格☐	不合格☐	

评价反思

项目三　高精度地图及定位测试

一、任务导入

对于自动驾驶汽车,导航系统需要提供更高精度的路径引导车辆到达目的地,同时将环境中尽可能丰富的信息提供给自动驾驶系统。作为存储静态交通信息的数据库,为了满足自动驾驶系统的导航、路径规划要求,高精度地图需要提供更精细、准确的交通信息。

二、任务目标

(一)知识目标

(1)了解高精地图的定义;

(2)掌握高精度地图与普通电子地图的区别;

(3)熟悉高精度地图的采集与生产。

(二)技能目标

(1)能够分析市场上智能网联汽车高精度地图的应用情况;

(2)掌握基于 SLAM 技术的车辆环境感知地图创建。

(三)素养目标

(1)鼓励学生主动思考问题,积极提出新的观点和想法,培养学生的创新意识;

(2)促进学生在不同学科领域之间建立联系,培养他们跨学科的思考能力;

(3)激发学生的内在学习动机,培养学生主动探索知识、解决问题的能力。

三、任务咨询

(一)高精度地图的定义

高精度地图是一种具有高分辨率和高精度的地图,是 L3 级及以上自动驾驶不可缺少的关键技术,它包含了比传统地图更多的细节和信息,例如道路形状、车道宽度、路标、交通信号灯等。一方面,高精度地图是自动驾驶汽车规划路径的重要基础,能够为车辆提供定位、决策、交通动态信息等依据;另一方面,在自动驾驶汽车传感器出现故障或者周围环境较为恶劣时,高精度地图也能确保车辆的基本安全行驶。

高精度地图作为汽车自动驾驶系统的重要组成部分,相较于传统的导航电子地图,其更专注自动驾驶场景,让自动驾驶汽车人性化地理解不断变化的道路现实环境,通过云端实时更新的高精度动态地图数据在自动驾驶汽车感知、定位、决策、规划等环节起到重要作用,是自动驾驶解决方案不可或缺的一环。智能网联汽车高精度地图如图 3-1 所示。

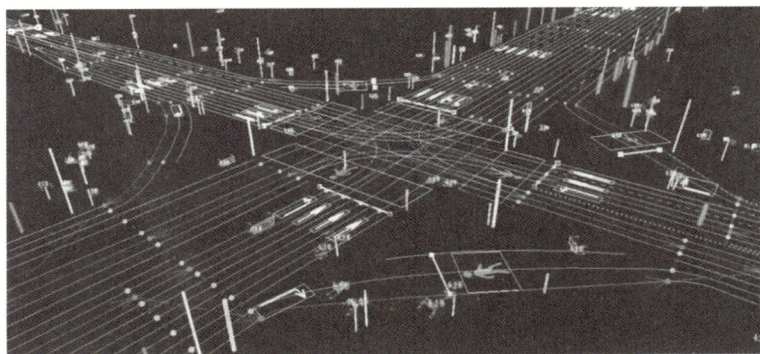

图 3-1　智能网联汽车高精度地图

(二)高精度地图与普通电子地图的区别

(1)使用对象。导航电子地图的使用者是驾驶员,有显示;高精度地图的使用者是自动驾驶系统,无显示。

(2)精度。导航电子地图的精度为米级,商用 GPS 精度为 5 m;高精度地图的精度为厘米级,可以达到 10~20 cm。

(3)数据维度。导航电子地图数据只记录道路级别的数据:道路形状、坡度、曲率、铺设、方向等。与之相比,高精度地图不仅多了车道属性相关(车道线类型、车道宽度等)数据,更有诸如高架物体、防护栏、树、道路边缘类型、路边地标等大量目标数据,能够明确区分车道线类型、路边地标等细节。

(4)功能。导航电子地图起的是辅助驾驶的导航功能;高精度地图凭借"高精度高动态多维度"数据,起的是为自动驾驶提供自变量和目标函数的功能。

(5)数据的实时性。无人驾驶时代所需的局部动态地图根据更新频率划分可将所有数据划分为4类:永久静态数据,更新频率约为1个月;半永久静态数据,更新频率为1 h;半动态数据,更新频率为1 min;动态数据,更新频率为1 s。导航电子地图可能只需要前两者;高精度地图为了应对各类突发状况,保证自动驾驶的安全实现,需要更多的半动态数据以及动态数据,这大大提升了对数据实时性的要求。

(6)所属系统。导航电子地图属于信息娱乐系统,高精度地图属于车载安全系统。

(三)高精度地图的采集与生产

高精度地图与传统地图相比,具有不同的采集原理和数据存储结构。传统地图依赖于拓扑结构和传统的数据库,将各种元素作为对象放在地图上,将道路存储为路径。而高精度地图,为了提高存储效率和机器可读性,地图在存储时分为矢量层和对象层。

在高精度地图生产过程中,通过提取车辆上传感器采集的原始数据,获取高精度地图特征值,构成特征地图。在此基础上,进一步提取、处理和标注矢量图形,包括道路网络信息、道路属性信息、道路几何信息和道路上主要标志的抽象信息。高精度地图数据采集过程包括以下三个环节:

(1)实地采集。高精度地图制作的第一步,往往通过采集车的实地采集完成。采集的核心设备为激光雷达传感器,通过激光雷达的反射形成环境点云从而完成对环境各对象的设别。

(2)信息处理。信息处理主要包括人工处理、深度学习的感知算法等。一般来说,采集的设备越精密,采集的数据越完整,所需要算法去降低的不确定性就越低。而采集的数据越不完整,就越需要算法去弥补数据的缺陷,当然也会有更大的误差。

(3)后续更新。后续更新主要针对道路的修改和突发路况,这一方面有较多的处理方式,比如众包、与政府的实时路况处理部门的合作等。

(四)高精度地图的发展趋势

(1)普及率不断提升。高精度地图的普及率与自动驾驶的普及率紧密相连。每有一辆汽车实现自动驾驶,就意味着有一辆车使用了高精度地图产品。随着自动驾驶技术的成熟,成本的降低,自动驾驶或将走进千家万户,成为越来越多的人的选择。高精度地图的市场渗透率将逐渐提高。

(2)众包与集中相结合。高精度地图最关键的问题在于维持数据鲜度。在日新月异的国内建设速度下,数据鲜度的维持变得越发重要且困难。在这种背景下,高精度地图的众包方案应运而生。众包就是把地图更新的任务交给道路上行驶的大量非专业采集车辆,利用车载传感器实时检测环境变化,并与高精度地图进行对比,当发现道路变化时,将数据上传云平台,再更新给其他车辆,从而实现地图数据的快速更新。集中采集就是地图公司自己购买高精度地图采集车,组建自己的采集队伍。众包模式盛行的背后反映更多的是成本问题。未来,众包采集或将与集中采集一起协同实现成本相对较低、精度足够高的高精度地图产品。

(3)多种采集设备相辅相成。目前国内外的高精度地图测绘车差距并不明显。从当前高精度地图采集设备发展情况来看,核心的采集设备是摄像头、毫米波雷达和激光雷达。三种设备各有优缺点:摄像头和毫米波雷达价格便宜,但扫描精度较差且对后期算法要求较高;激光雷达精度较高,但价格较高。高精度地图采集设备未来发展趋势应当是三者并重、相辅相成。

(4)从售卖许可到数据服务商。传统的图商售卖的大部分是离线地图,通过向车企或者车主个人售卖许可证以及提供少量的后期更新服务获利,交易方式为一次性付清。而高精度地图由于存在动态信息的实时交互,图商将为此向数据服务商方向转变。在高精度地图时代,图商需要构建云平台为车主提供道路的实时信息,根据提供的数据量的多少计费。目前的高精度地图企业在开发高精度地图产品的同时,也在努力构建自身的云服务平台以适应商业模式的转变。

四、任务实施

(一)任务描述

让学生了解高精度地图生成的原理和流程,掌握相关的数据采集、处理和地图构建技术,培养学生的实践操作能力和问题解决能力。

(二)任务步骤

(1)任务准备。配备高精度定位系统和传感器的汽车。

(2)数据采集。学生分组,每组负责驾驶汽车在预定的路线上行驶,同时启动数据采集设备,收集道路环境的各种信息,包括道路形状、车道线、交通标志、建筑物等。

(3)数据预处理。将采集到的数据导入计算机,进行初步的筛选和清理,去除无效和错误的数据;对数据进行坐标转换和校准,以确保数据的准确性和一致性。

(4)地图构建。根据提取的特征信息,使用地图编辑软件构建高精度地图的框架,包括道路网络、车道布局、交通设施等。对地图进行细化和优化,确保地图的精度和完整性。

五、任务小结

本次智能网联汽车高精度地图任务中,我们顺利完成了数据采集、处理和地图生成工作。通过多种先进传感器获取丰富信息,经精心处理和优化算法构建出高精度地图。此次任务为后续相关工作积累了宝贵经验。

任务二　高精度定位系统

一、任务导入

无人驾驶汽车在行驶时,首先要知道自己在哪里,这就需要进行定位。定位在智能网联汽车中占据什么地位?什么是导航定位?导航定位有哪些方法?智能网联汽车对导航定位精度有什么要求?在接下来的课程中,我们将一同揭开智能网联汽车导航定位系统的神秘面纱。我们将认识它是如何利用卫星信号、传感器数据以及先进的算法来实现高精度的定位和导航的。

二、任务目标

(一)知识目标

(1)掌握北斗卫星导航系统的发展历程、系统组成及工作原理;

(2)了解惯性导航定位系统的定义及原理;

(3)了解智能网联汽车高精度定位的应用。

(二)技能目标

能够利用实训台架完成组合导航定位测试。

(三)素养目标

(1)鼓励学生主动思考问题,积极提出新的观点和想法,培养学生的创新意识;

(2)促进学生在不同学科领域之间建立联系,培养他们跨学科的思考能力;

(3)激发学生的内在学习动机,培养学生主动探索知识、解决问题的能力。

三、任务咨询

(一)北斗卫星导航系统

北斗卫星导航系统是中国自行研制的全球卫星导航系统,是我国着眼于国家安全和经济发展需要,自主建设、独立运行的全球卫星导航系统,是为全球用户提供全天候、全天时、高精度的定位、导航和授时服务的国家重要时空基础设施,如图 3-2 所示。

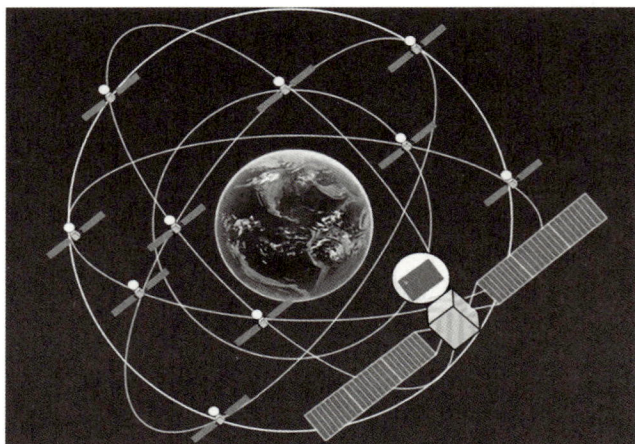

图 3-2 北斗卫星导航系统

(二)北斗卫星导航系统的发展历程

北斗卫星导航系统经历了北斗一号系统、北斗二号系统和北斗三号系统三个阶段。

1994年,启动北斗一号系统工程建设。

2000年,发射2颗地球静止轨道卫星,建成系统并投入使用,采用有源定位体制,为中国用户提供定位、授时、广域差分和短报文通信服务。

2003年,发射第3颗地球静止轨道卫星,进一步增强系统性能。

2004年,启动北斗二号系统工程建设。

2009年,启动北斗三号系统建设。

2012年底,完成14颗卫星(5颗地球静止轨道卫星、5颗倾斜地球同步轨道卫星和4颗中圆地球轨道卫星)发射组网。北斗二号系统在兼容北斗一号系统技术体制基础上,增加无源定位体制,为亚太地区用户提供定位、测速、授时和短报文通信服务。

2018年底,完成19颗卫星发射组网,完成基本系统建设,向全球提供服务。

2020年7月31日,北斗三号全球卫星导航系统正式建成开通。

(三)北斗卫星导航系统的组成及定位原理

北斗卫星导航系统由空间段、地面段和用户段三部分组成。①空间段。北斗卫星导航系统空间段由若干高轨卫星、倾斜地球同步轨道卫星和中圆地球轨道卫星组成。②地面段。北斗卫星导航系统地面段包括主控站、时间同步站和监测站等若干地面站。③用户段。北斗卫星导航系统用户段包括北斗兼容其他卫星导航系统的芯片、模块、天线等基础产品,以及终端产品、应用系统与应用服务等。

北斗卫星导航系统在进行定位时,所采用的原理是通过对卫星信号站点之间的传播时间进行推算,进而确立相应的卫星站点距离,这样就能够对接收机进行较为准确的定位。一般采用载波相位测量法进行定位,其原理大致如下:用 a 来表示卫星所发射的载波信号相位数值,用 b 来表示地面基站所接收的载波信号相位数值,卫星站点之间的距离 $X=n(a+b)$,其中 n 指的是载波信号的波长。在实际操作中 a 值是无法进行测算的,往往采用接收机所产生的基准信号来代替,由于该基准信号的频率与卫星所发射的载波信号相位是一致的,所以并不会影响到后续定位的精准程度。

通过载波相位测量法进行定位,在整个定位过程中,会受到多种误差因素的影响,进而降低定位精度。由于在相同时间点,不同观测站在观测同一卫星时,信号接收所受到的误差影响具有较强的关联性,通过不同方式对同步观测量进行差值计算,就能够最大化地减少误差。对常用的载波相位进行差值计算,通常被叫作差分,而差分主要有三种方法,分为单差、双差以及三差。

(四)惯性导航系统的定义与原理

惯性导航系统是一种不依赖于外部信息、通过测量载体本身的加速度和角速度来确定其位置和速度的自主式导航系统,如图 3-3 所示。具体来说,惯性导航系统的导航方式是推算,即从一已知点的位置根据连续测得的运动载体航向角和速度推算出其下一点的位置,因而可连续测出运动体的当前位置。

其原理是利用惯性测量单元(如加速度计和陀螺仪)来测量载体的加速度和角速度信息,通过积分运算得到载体的速度和位置。惯性导航系统具有自主性强、抗干扰能力强等优点,但其精度会随着时间的推移而逐渐降低。

图 3-3　惯性导航系统

(五)智能网联汽车高精度定位的应用

(1)在自动驾驶路径规划中的应用。高精度定位可以为自动驾驶提供准确的车辆位置和姿态信息,是路径对话的必要前提,尤其是车道级的路径规划、避障规划、可行驶区域迭代、执行过程中的规划补偿等关键环节,无一不需要高精度定位能力的随时可用。

(2)在自动驾驶决策控制中的应用。高精度定位不仅仅在环境感知和规划环境需要用到,在自动驾驶的决策控制环节同样也需要在更精细的维度上频繁迭代调用,以适应自动驾驶汽车和环境的动态变化。

(3)V2X 中的实时位置广播。自动驾驶汽车在单车足够智能化的前提下,为了适应整个交通体系的智能化,需要同时朝网联化方向发展。V2X 是智能网联汽车不可或缺的技术。高精度定位信息是 V2X 上最频繁不间断传输的基础信息,构成了 V2X 上运转的众多行驶信息的基础平台。

(4)即时定位与地图构建 SLAM 技术。在新一代的智能汽车感知决策技术中,从机器人技术中发展而来的 SLAM 将是最有前景的新技术之一。而基于多传感器及其融合的高精度定位技术,是智能汽车 SLAM 的基石。全局实时动态的高精度定位能力是自动驾驶的必备能力,这已成为业界共识。基于 GNSS 系统,结合地基增强系统、传感器融合技术,以达成高精度定位能力,这个模式已成为高精度定位解决方案的首选。

四、任务实施

(一)任务描述

本次实训围绕组合导航(GPS+IMU)展开。学生先进行外观检查,再认真拆装,留意组件位置与连接。检查内部元件状况后重装,连接调试设备与软件。模拟场景测试,校准参数,确保数据准确稳定。严格遵守规程,完成后提交报告。

(二)任务步骤

(1)任务准备。汽车导航台架、工具箱、安全防护用品。

(2)理论讲解。介绍组合导航(GPS + IMU)系统的组成结构、工作原理和性能指标,讲解检查、拆装和调试的基本流程和注意事项。

(3)检查环节。外观检查,查看设备有无损坏、接口是否松动;通电检查,观察设备指示灯是否正常,利用检测仪器检测电源输出是否稳定。

(4)拆装环节。按照正确的步骤和顺序,小心地拆除设备外壳及内部组件;注意标记和记录各部件的位置和连接方式。

(5)调试环节。使用调试软件连接设备,进行参数设置和校准;模拟不同的工作场景,检测设备的输出数据是否准确和稳定。

五、任务小结

智能网联汽车高精度定位系统是汽车智能化的关键。它融合多种先进技术,如卫星导航、惯性测量和地图匹配等,实现厘米级甚至毫米级定位精度。能为车辆提供精准的位置信息,保障自动驾驶的安全可靠。但目前仍存在信号易受干扰、成本较高等问题,需持续创新优化,以推动智能网联汽车行业发展。

任务三　即时定位与地图构建技术

一、任务导入

随着智能网联汽车技术的不断发展,SLAM技术也为大家所熟知,被认为是这个领域的关键技术之一,SLAM技术使无人车辆在无GPS信号的场景中移动。无人车辆在无GPS信号场景中,如何利用SLAM技术进行定位和地图构建? 通过对任务的学习,学生便可以得到答案。

二、任务目标

(一)知识目标

(1)掌握SLAM的定义、作用和研究方法;
(2)掌握视觉SLAM、激光SLAM的特点、框架和工作原理;
(3)了解视觉SLAM、激光SLAM的差别。

(二)技能目标

能够使用无人车进行激光SLAM即时地图构建。

(三)素养目标

(1)鼓励学生主动思考问题,积极提出新的观点和想法,培养学生的创新意识;
(2)促进学生在不同学科领域之间建立联系,培养他们跨学科的思考能力;
(3)激发学生的内在学习动机,培养学生主动探索知识、解决问题的能力。

三、任务咨询

(一)SLAM的定义

SLAM是Simultaneous Localization And Mapping的缩写,中文译作"即时定位与地图构建"。SLAM是指搭载特定传感器的主体,在没有环境先验信息的环境下,于运动过程中建立环境模型,同时估计自己的运动。如果这里的传感器为相机,则为视觉SLAM;如果传感器为激光雷达,则为激光SLAM。

感知是SLAM的必要条件,只有感知到周围环境的信息才能够可靠地进行定位以及地图构建。定位和建图则是两个相互依赖的过程;定位依赖于已知的地图信息,建图依赖于可靠的定位。当然定位和建图的数据必然包含了感知到自己的相对位移以及对位移的修正。

(二) SLAM 的作用

自动驾驶汽车在行驶过程中需要实时对自身进行定位与跟踪，只有知道了自身位置以及周围环境信息才能对车辆的行驶路线进行规划与控制。虽然当前在定位方面已经有很多成熟的技术，但它们或多或少都有各自的局限性。GPS 的精度比较低，并且在室内或者是严重遮挡的室外环境中无法进行定位；利用无线信号定位需要事先在使用场景中做好相应布置，普及性差；基于视觉的定位方案主要有单目视觉和双目视觉，单目视觉得到的主要是二维的地图信息，双目视觉可以利用两个不同位置的单目视觉信息计算完成三维环境的建立，但无论是双目视觉还是单目视觉都是以摄像头为传感器，采集到的图像信息容易受到光线等环境因素干扰，而基于激光雷达的即时定位与地图构建技术能够在光线较差的环境中工作，具有能够生成便于导航的环境地图等优势。

(三)视觉 SLAM 特点及工作原理

目前，视觉 SLAM 可分为单目相机、双目相机、深度相机(RGB－D)三个大类。另还有鱼眼、全景等特殊相机，但目前在研究和产品中还属于少数。此外，结合惯性测量单元(IMU)的视觉 SLAM 也是现在的研究热点之一。

单目相机仅用一个相机就能完成 SLAM。最大的优点是传感器简单且成本低廉，但同时也有个大问题，就是不能确切地得到绝对深度。一方面是由于绝对深度未知，单目相机不能得到目标的运动轨迹及地图的真实大小，如果把轨迹和房间同时放大两倍，单目相机看到的图像是一样的，因此，单目相机只能估计一个相对深度。另一方面，单目相机无法依靠一张图像获得图像中物体与自己的相对距离。为了估计这个相对距离，单目相机要靠运动中的三角测量来求解相机运动并估计像素的空间位置。也就是说，它的轨迹和地图只有在相机运动之后才能收敛，如果相机不进行运动就无法得知像素的位置。单目相机不受环境大小的影响，因此既可以应用于室内，又可以应用于室外。

双目相机和深度相机能够通过某种手段测量深度，克服了单目相机无法知道深度的缺点。如果知道了深度，场景的三维结构就可以通过单个图像恢复出来，也就消除了尺度不确定性。尽管都能测量深度，但双目相机与深度相机测量深度的原理是不一样的。

双目相机由两个单目相机组成，但这两个相机之间的距离(基线)是已知的，可通过这个基线来估计每个像素的空间位置。计算机上的双目相机需要大量的计算才能估计每一个像素点的深度。双目相机测量到的深度范围与基线相关。基线距离越大，能够测量到的范围就越远，因此自动驾驶汽车上搭载的双目相机通常会较大。双目相机不依赖其他传感设备，所以它既可以应用于室内，也可应用于室外。

深度相机的最大特点是可以通过红外结构光或 TOF 原理,直接测出图像中各像素与相机的距离。因此,深度相机较传统相机能够提供更丰富的信息,也不必像单目相机或双目相机那样费时费力地计算深度。深度相机主要应用于室内,室外则较难应用。

双目相机的缺点是配置与标定均较为复杂,其深度量程和精度受基线与分辨率限制,而且视差的计算非常消耗计算资源,使用图形处理器(GPU)和高速数据采集系统加速后才能实时输出整张图像的距离信息。

大多数视觉 SLAM 系统的工作方式是通过连续的相机帧,跟踪设置关键点,以三角算法定位其 3D 位置,同时使用此信息来逼近推测相机自己的位姿的。简单来说,这些系统的目标是绘制与自身位置相关的环境地图。这个地图可以用于自动驾驶汽车在该环境中的导航。视觉 SLAM 与其他形式的 SLAM 不同,只需一个 3D 视觉摄像头,就可以做到这一点。

通过跟踪摄像头视频帧中足够数量的关键点,可以快速了解传感器的方向和周围物理环境的结构。所有视觉 SLAM 系统都在不断地工作,以使重新投影误差或投影点与实际点之间的差异最小化,通常是通过一种称为 BA(Bundle Adjustment)的算法方案来解决的。视觉 SLAM 系统需要实时操作,这涉及大量的运算,因此位置数据和映射数据经常分别进 BA。

视觉 SLAM 主要用于 GPS 缺失场景(如室内、楼房中)中的长时间定位,补偿行驶过程中 GPS 信号不稳定(如经过山洞、高楼群、野外山区等)造成的定位跳跃。

(四)激光 SLAM 特点及工作原理

激光 SLAM 就是根据一帧帧连续运动的点云数据,推断出激光雷达自身的运动以及周围环境的情况。激光 SLAM 根据其所用的激光雷达线束不同可细分为 2D - 激光 SLAM 和 3D - 激光 SLAM。

激光 SLAM 能够准确测量环境中目标点的角度与距离,不需要预先布置场景,可融合多个传感器,能在光线较差环境中工作,能够生成便于导航的环境地图,已经成为目前自动驾驶汽车重要的定位方案之一。

在 SLAM 过程中,自动驾驶汽车通过激光雷达感知周围环境,并对周围环境进行重建,然后通过观测数据计算自动驾驶汽车当前的位姿,并融合自动驾驶汽车内部里程计、加速度传感器等推算得到的位姿改变,以此对自动驾驶汽车进行精准的定位。与此同时,通过自动驾驶汽车的定位信息以及外部传感器在当前时刻的观测信息,对地图进行增量式更新,再以建好的地图作为先验信息进行下一步的定位与建图,周而复始。

激光 SLAM 主要分为定位与建图两个部分,主要解决三个基本问题:第一,环境中信息量如此之大，不可能全部拿来用，如何从周围环境中提取出有用的信息，也就是特征提取问题；第二，不同时刻观测到的环境信息之间有什么联系，即数据关联问题；第三，如何描述周围环境，即地图表示问题。

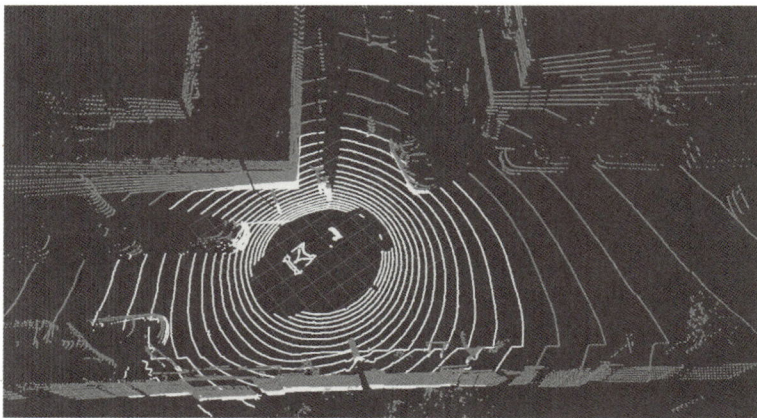

图 3-4　激光 SLAM

四、任务实施

(一)任务描述

本次实训聚焦即时定位与地图构建技术。学生将操作配备多种传感器的移动机器人，在不同场景中采集数据，运用相关算法和软件，实现地图构建和自身实时定位。通过分析结果优化系统，探讨技术在自动驾驶等领域的应用。本次实训旨在培养学生实践能力，深入理解该技术原理及应用价值。

(二)任务步骤

(1)任务准备。汽车导航台架、工具箱、安全防护用品。

(2)理论讲解。介绍 SLAM 技术的基本概念、原理和算法，讲解常用的传感器及其工作原理。

(3)数据采集。学生操作移动机器人在不同环境中采集数据。

(4)算法实现。基于采集的数据，使用现有算法库进行 SLAM 算法的实现和调试，分析算法结果，对系统进行参数调整和优化。

五、任务小结

即时定位与地图构建技术是一项具有重要意义的前沿技术。它能够让设备在未知环境中实时确定自身位置并构建环境地图。该技术融合了多种传感器数据和复杂算法，在机器人导航、自动驾驶、虚拟现实等领域有着广泛应用。然而，它仍面临计算资源需求大、环境适应性不足等挑战，未来需在算法优化、硬件提升等方面不断突破。

▶**实训工单二**

1.高精度地图生成

任务名称	高精度地图生成	学时		班级	
学生姓名		学生学号		任务成绩	
实训设备、工具及仪器	汽车导航台架、智能网联汽车、工具箱、安全防护用品	实训场地		日期	
任务描述	本任务实施主要是加强对智能网联汽车高精度地图的生成,通过任务实施、评价及反馈,帮助学生查找问题,理论结合实践,夯实培养质量				
任务目的	掌握智能网联汽车高精度地图生成原理及过程				
任务步骤	任务要点		实施记录		
任务准备	1.更换实训服,佩戴劳保用品; 2.严禁非专业人员或无教师在场的情况下私自对部件进行操作; 3.实训过程中需要至少两人配合完成		是否完成:是□ 否□		
工具准备	智能网联汽车、工具箱、安全防护用品				
平台基础检查	1.检查智能网联汽车外观模块是否正常; 2.检查台架各模块是否能够上下电		是否完成:是□ 否□ 是否完成:是□ 否□		
智能网联汽车高精度地图生成	1.布置采集环境,准备封闭采集现场; 2.查看普通网络地图; 3.通过激光雷达创建高清地图		是否完成:是□ 否□ 是否完成:是□ 否□ 是否完成:是□ 否□		
操作完毕	实训设备、工具及资料整理,场地清洁				
任务总结	高精度地图生成:				

续表

评 价 表				
项　目	评价指标	自　评		互　评
专业技能	正确进行车辆的检查与测试	合格□　　不合格□	合格□　　不合格□
	按照任务要求完成作业内容	合格□　　不合格□	合格□　　不合格□
	完整填写工单	合格□　　不合格□	合格□　　不合格□
工作态度	着装规范，符合职业要求	合格□　　不合格□	合格□　　不合格□
	正确查阅相关资料和学习资料	合格□　　不合格□	合格□　　不合格□
	目标明确，独立完成	合格□　　不合格□	合格□　　不合格□
个人反思	完成任务的安全、质量、时间和 5S 要求，是否达到最佳程度，请提出个人改进建议		
教师评价	教师签字：　　　　　年　月　日	合格□　　不合格□	合格□　　不合格□
		合格□　　不合格□	合格□　　不合格□

评价反思

2.组合导航(GPS＋IMU)检查拆装与调试

任务名称	组合导航(GPS＋IMU)检查拆装与调试	学时		班级	
学生姓名		学生学号		任务成绩	
实训设备、工具及仪器	汽车导航台架、工具箱、安全防护用品	实训场地		日期	
任务描述	本任务实施主要是加强对智能网联汽车组合导航(GPS＋IMU)检查与拆装,通过任务实施、评价及反馈,帮助学生查找问题,理论结合实践,夯实培养质量				
任务目的	掌握汽车组合导航(GPS＋IMU)检查与拆装				
任务步骤	任务要点	实施记录			
任务准备	1.更换实训服,佩戴劳保用品; 2.严禁非专业人员或无教师在场的情况下私自对部件进行操作; 3.实训过程中需要至少两人配合完成	是否完成:是□ 否□			
工具准备	汽车导航台架、工具箱、安全防护用品				
平台基础检查	1.检查台架外观模块是否正常,天线外置水平; 2.检查台架各模块是否能够上下电	是否完成:是□ 否□ 是否完成:是□ 否□			
组合导航(GPS＋IMU)检查与拆装	1.布置拆装环境,准备拆装工具; 2.可通过工具箱对导航模块进行拆装分解; 3.检查调试模块搜星导航功能	是否完成:是□ 否□ 是否完成:是□ 否□ 是否完成:是□ 否□			
操作完毕	实训设备、工具及资料整理,场地清洁				
任务总结	组合导航(GPS＋IMU)检查与拆装总结:				

续表

评 价 表				
项　目	评价指标	自　评		互　评
专业技能	正确进行导航系统的检查与测试	合格□　不合格□	合格□　不合格□	
	按照任务要求完成作业内容	合格□　不合格□	合格□　不合格□	
	完整填写工单	合格□　不合格□	合格□　不合格□	
工作态度	着装规范，符合职业要求	合格□　不合格□	合格□　不合格□	
	正确查阅相关资料和学习资料	合格□　不合格□	合格□　不合格□	
	目标明确，独立完成	合格□　不合格□	合格□　不合格□	
个人反思	完成任务的安全、质量、时间和5S要求，是否达到最佳程度，请提出个人改进建议			
教师评价	教师签字：　　　　年　月　日	合格□　不合格□	合格□　不合格□	
		合格□　不合格□	合格□　不合格□	

评价反思

项目四　智能决策与路径规划测试

▶**任务一　智能决策认知**

一、任务导入

　　无人驾驶汽车是当今科技领域的一项重要发展方向,它将给人们的出行带来巨大的改变。作为能够实现自主驾驶的技术,无人驾驶汽车需要具备先进的感知技术和路径规划算法。智能汽车根据传感器输入的各种参数等生成期望的路径,并将相应的控制量提供给后续的控制器。决策规划是自动驾驶的关键部分之一,它首先融合多传感信息,然后根据驾驶需求进行任务决策,接着在能避开可能存在的障碍物前提下,再根据路权分配技术,为规划出两点间多条可选安全路径提供前提条件。

　　本节将重点介绍无人驾驶汽车中的感知技术和路径规划算法中的智能决策认知,并对其关键技术进行分析和讨论,智能驾驶系统的各模块之间次序分明,上一个模块的输出即为下一个模块的输入,因此又称为"感知—规划—行动"结构。在给定目标和约束条件后,规划决策就根据即时建立的局部环境模型和已有的全局环境模型决定出下一步的行动,进而依次完成整个任务。决策规划技术结构体系中的决策规划层是自主驾驶系统智能性的直接体现,对车辆的行驶安全性和整车性能起着决定性作用。智能决策与路径规划控制架构图如图4-1所示。

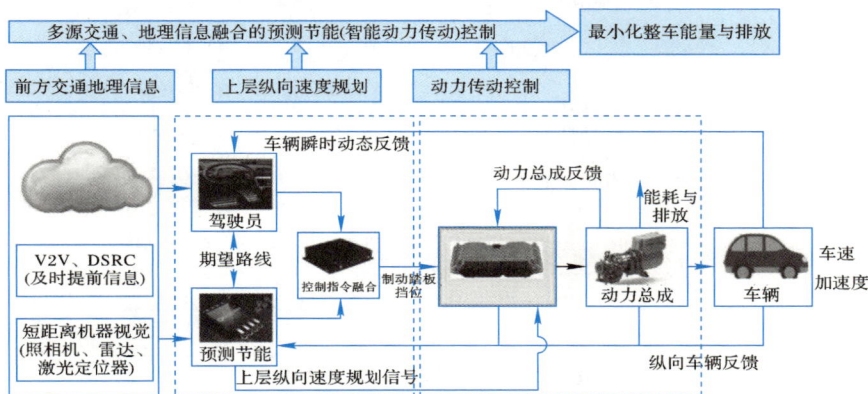

图4-1　智能决策与路径规划控制架构图

二、任务目标

(一)知识目标

(1)了解智能决策认知的模型构成和原理;

(2)熟悉决策规划技术结构体系;

(3)掌握汽车决策规划系统的关键环节;

(4)明白智能网联汽车路权分配技术。

(二)技能目标

(1)能够详细摸排市场上智能网联汽车搭载的智驾系统;

(2)能够掌握智能决策认知的技术辅助驾驶技术的算法模型。

(三)素养目标

(1)鼓励学生主动思考问题,积极提出新的观点和想法,培养学生的创新意识;

(2)促进学生在不同学科领域之间建立联系,培养他们跨学科的思考能力;

(3)激发学生的内在学习动机,培养学生主动探索知识、解决问题的能力。

三、任务咨询

(一)决策规划技术结构体系

在一套相对成熟的自动驾驶技术体系中,如果将环境感知模块比作人的眼睛和耳朵,那么决策规划模块就相当于自动驾驶汽车的大脑。自动驾驶汽车在进行决策规划时,会从环境感知模块中获取道路拓扑结构信息、实时交通信息、障碍物(交通参与者)信息和主车自身的状态信息等内容。结合以上这些信息,决策规划系统会对当前环境作出分析,然后对底层控制执行模块下达指令,这一过程就是决策规划模块的主要任务。自动驾驶车辆架构图如图4-2所示。

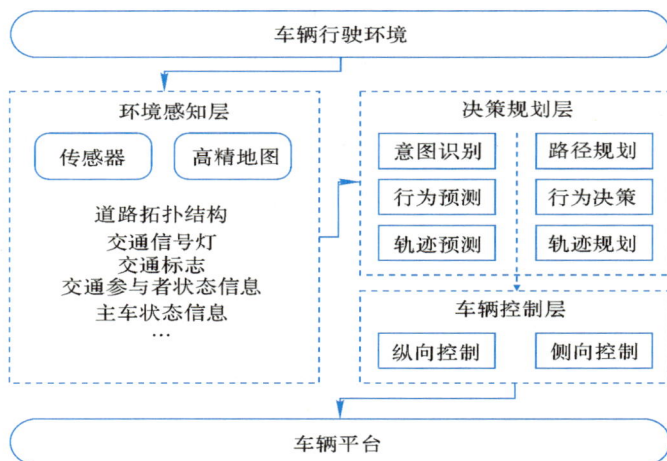

图4-2　自动驾驶车辆架构图

换言之,自动驾驶汽车的行为决策与路径规划是指依据环境感知和导航子系统输出信息,通过一些特定的约束条件规划出给定多条可选安全路径,并从中选取一条最优路径作为车辆行驶轨迹的过程。本任务将详细介绍自动驾驶决策规划模块的技术结构体系、技术方法以及主流算法、芯片。

决策规划技术结构体系自动驾驶决策规划领域常见的技术结构体系,可分为分层递阶式、反应式以及二者混合式。

1.分层递阶式体系结构

分层递阶式可以理解为一个串联结构,自动驾驶系统的各个模块有序排列在一条直线上,上一模块处理的内容将直接进入到下一阶段。自动驾驶决策规划串联式逻辑图如图4-3所示。

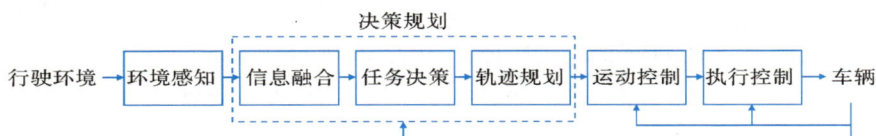

图4-3 自动驾驶决策规划串联式逻辑图

分层递阶式的优点是各模块次序分明,层层递进式的结构让每个模块所处理的工作范围逐渐缩小,处理问题的准确度逐渐上升,更容易实现高层次的智能控制。不过,分层递阶结构也存在一些问题。首先,分层递阶结构需要实时调用传感器信息,对传感器的要求较高。此外,分层递阶式的布局,从环境感知到执行控制,中间存在一定延迟,缺乏实时性和灵活性。最后,分层递阶式的串联结构存在可靠性不高的问题。与并联模式相比,串联模式最大的问题就是整体系统的任一部分都不能出现问题,否则信息流和控制流的传递通道就会受到影响,整个系统会随时处于崩溃的状态。

2.反应式体系结构

反应式体系结构与分层递阶式体系结构的最大区别在于,反应式体系结构使用的是并联结构,自动驾驶决策规划并联式逻辑图如图4-4所示。

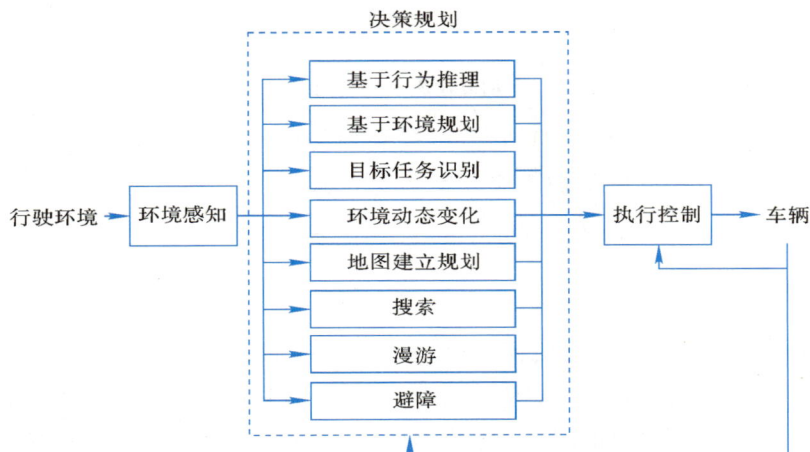

图4-4 自动驾驶决策规划并联式逻辑图

在反应式体系结构中,决策规划模块内容以并联模式布置,环境感知的内容会同步传输至多个决策规划模块内,可突出"感知-动作"的特点,易于适应完全陌生的环境。

与分层递阶式体系结构相比,反应式结构体系占用存储空间较小,响应快,实时性高。同时,并联结构提高了整体结构的稳定性,决策规划模块内的某一层内容出现故障,也不会影响到其他层级内容的正常运行。不过,这也增加了整体系统运行的复杂度,需要更高等级智能技术的支持。

3.二者混合式体系结构

由于分层递阶式体系结构和反应式体系结构均存在相关问题,单独一个体系难以满足自动驾驶处理复杂多变场景的实际需求,所以混合体系结构受到越来越多的关注。自动驾驶决策规划混联式逻辑图如图4-5所示。

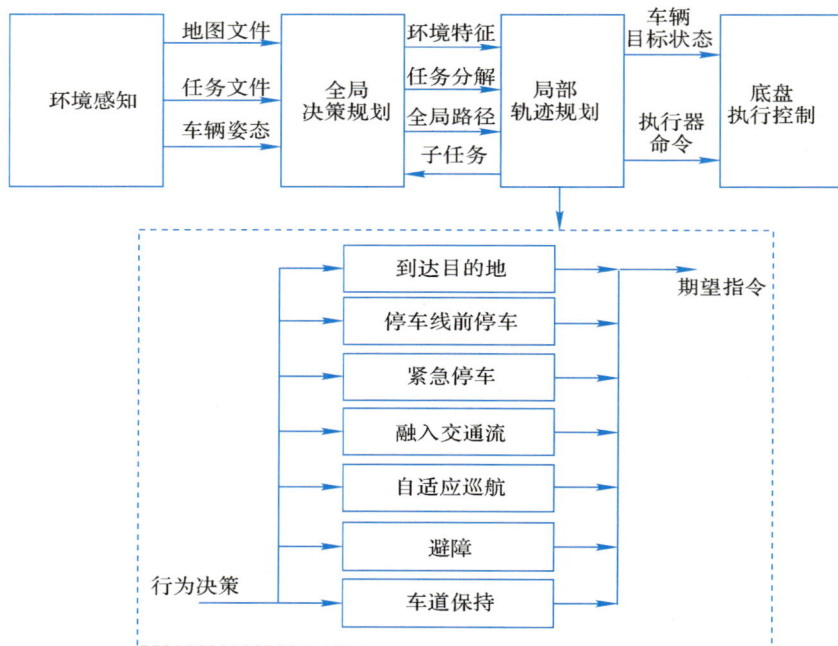

图4-5 自动驾驶决策规划混联式逻辑图

混合式体系结构将两者优点结合,全局规划与局部规划分别适用不同的体系结构,使得自动驾驶汽车能够更加适应复杂多变的真实路况。

(二)决策规划系统的关键环节

1.环境预测环节

环境预测模块作为决策规划控制模块的直接数据上游之一,其主要作用是对感知层所识别到的物体进行行为预测,并且将预测的结果转化为时间、空间维度的轨迹传递给后续模块。通常感知层所输出的物体信息包括位置、速度、方向等物理属性。利用这些输出的物理属性,可以对物体做出"瞬时预测"。环境预测模块不局限于结合物理规律对物体做出预测,而是可结合物体和周边环境以及积累的历史数据信息,对感知到的物体做出更为"宏观"的行为预测。例如通过识别行人在人行道的历史行进动作预测出行人可能会在人行道上穿越路口,而通过车辆的历史行进轨迹可判断其会在路口右转。智能网联汽车决策认知预测示意图如图 4-6 所示。

图 4-6 智能网联汽车决策认知预测示意图

2. 行为决策环节

行为决策模块在整个自动驾驶决策规划控制软件系统中扮演着"副驾驶"的角色。这个层面汇集了所有重要的车辆周边信息,不仅包括了自动驾驶汽车本身的实时位置、速度、方向,还包括车辆周边一定距离以内所有的相关障碍物信息以及预测的轨迹。行为决策层需要解决的问题,就是在知晓这些信息的基础上,决定自动驾驶汽车的行驶策略。

由于需要考虑多种不同类型的信息,行为决策问题往往很难用单一的数学模型来求解,而是要利用一些软件工程的先进理念来设计规则引擎系统。现阶段马尔可夫决策过程的模型也开始被越来越多地应用于自动驾驶系统行为层面的决策实现当中。简而言之,行为决策层面需要结合环境预测模块的结果,输出宏观的决策指令供后续的规划模块去更具体地执行。智能网联汽车决策认知传感器数据来源如图 4-7 所示。

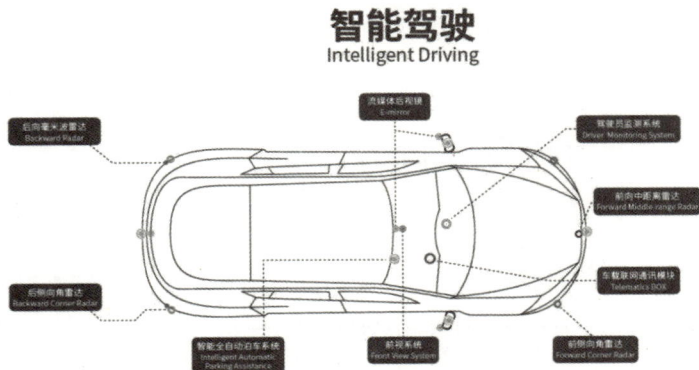

图 4-7 智能网联汽车决策认知传感器数据来源

3.动作规划模块环节

自动驾驶汽车规划模块包括动作规划和路径规划两部分。动作规划模块主要是对短期甚至是瞬时的动作进行规划,例如转弯、避障、超车等动作;而路径规划模块是对较长时间内车辆行驶路径的规划,例如从出发地到目的地之间的路线设计或选择。

自动驾驶系统的设计思路是建立若干个行驶状态,通过不同的条件触发行驶状态切换。这种设计思路存在切换过程平顺性较差问题。在实际的系统设计过程中主要采用将道路中的真实目标和非真实目标都描述成虚拟质点的方法来强化车辆行驶的平顺性。其中,真实目标主要是指车辆、行人等因素;非真实目标包括限速、红灯、停车点、道路曲率、天气条件等。基于虚拟质点模型方法的优势在于将算法模型统一,有效避免了传统控制算法中因目标或控制模式切换产生的车辆加减速度跳变的问题。

4.路径规划模块环节

自动驾驶汽车路径规划模块是指在一定的环境模型基础上,给定自动驾驶汽车起始点和目标点后,按照性能指标规划出一条无碰撞、能安全到达目标点的有效路径。路径规划主要包含两个步骤:建立包含障碍区域与自由区域的环境地图,以及在环境地图中选择合适的路径搜索算法,快速实时地搜索可行驶路径。路径规划结果对车辆行驶起着导航作用,它引导车辆从当前位置行驶到目标位置。环境地图表示方法主要分为度量地图表示法、拓扑地图表示法等。

决策规划处理是人工智能技术在自动驾驶中的另一个重要应用场景。现阶段主流的人工智能方法包括状态机、决策树、贝叶斯网络等。伴随着深度学习与增强学习技术的发展,现已实现了对复杂工况的决策,并能进行在线优化学习。由于在实际道路中影响驾驶路径规划的因素非常多,势必会占用较多的计算资源。为提高计算效率,研究学者提出了"安全场"的研究思路,即形成典型交通场景作为深度学习神经网络的输入,以提高自动驾驶汽车的决策效率,提升路径规划能力。基于机器学的决策认知预测示意图如图 4-8 所示。

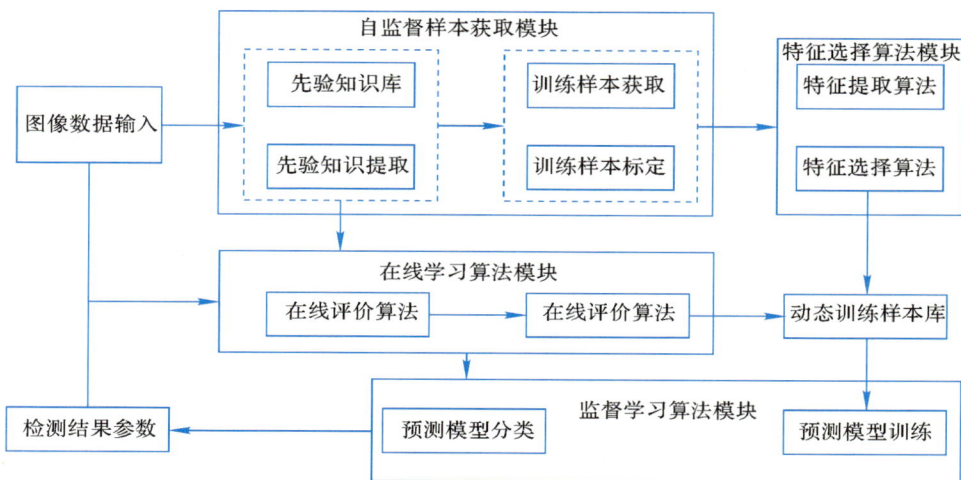

图 4-8　基于机器学的决策认知预测示意图

智能网联汽车的认知决策层可以理解为依据感知信息来进行决策判断,确定适当工作模型,制定相应控制策略,替代人类驾驶员做出驾驶决策。这部分的功能类似于给下达相应的任务。例如在车道保持、车道偏离预警、车距保持、障碍物警告等系统中,需要预测本车及相遇的其他车辆、车道、行人等在未来一段时间内的状态。先进的决策理论包括模糊推理、强化学习、神经网络和贝叶斯网络技术等。由于人类驾驶过程中所面临的路况与场景多种多样,且不同人对不同情况所做出的驾驶策略应对也有所不同,所以类人的驾驶决策算法的优化需要非常完善、高效的人工智能模型以及大量的有效数据。这些数据需要尽可能地覆盖到各种罕见的路况,而这也是驾驶决策发展的最大瓶颈所在。

(三)路权分配技术

路权(Right of Weight,ROW)是指道路使用者依据法律规定,在一定的时间对一定的道路空间使用的权力。行驶中的智能汽车的路权是一个流动的扇形区,与本车的尺寸、速度、周边的车流量、前方拥有的空间密切相关。

在智能驾驶中,路权可以用来描述满足车辆当前安全行驶所需的道路空间。

当前,自动驾驶技术研究领域尚未形成一个公认的理论指导驾驶主体在特定场景下应该选择或者禁止哪种驾驶行为。这主要可以归结为两个难以解决的困难:首先,现有的策略没有很好地考虑自动驾驶汽车和传统汽车之间的交互。传统的刺激应答模型或博弈模型并不能完整、精准地描述人类驾驶员的风险规避行为。而若自动驾驶决策系统在设计时没有充分考虑人类驾驶习惯,其行为和意图可能反而会被人类驾驶员误解,这种缺陷有时会导致严重的安全风险。另外,现有的自动驾驶策略研究普遍不够抽象与普适,无法覆盖各类存在路权冲突的结构化道路场景,这导致不同策略研究者针对不同场景提出的解决方案往往存在差异。这种共识的缺乏将会导致不同品牌、不同技术路线与不同目标设定下的自动驾驶车辆间缺乏兼容性,对路权归属产生争议,进而影响到道路安全与行驶效率。出现潜在冲突时路权归属决策示例如图4-9所示。

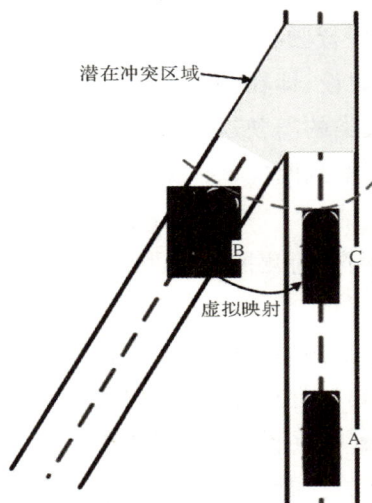

图4-9　出现潜在冲突时路权归属决策示例

路权分配过程应遵守的三个核心原则如图 4 - 10 所示。

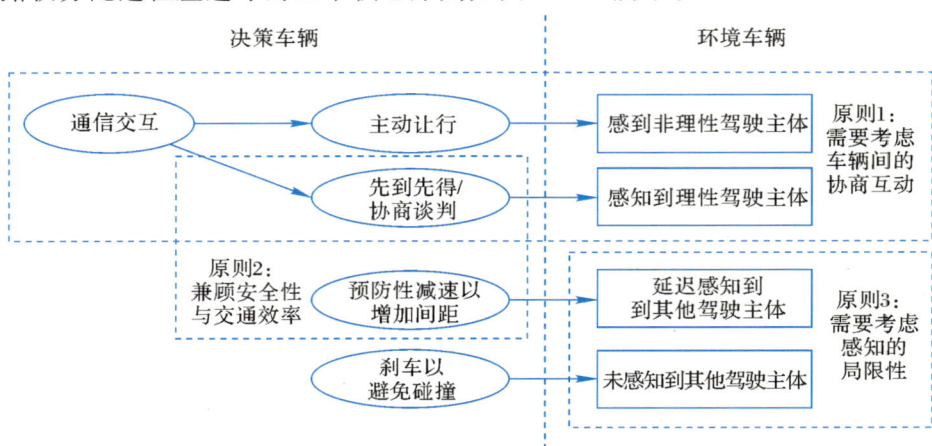

图 4 - 10　路权分配过程应遵守的三个核心原则

目前面临的挑战问题:如何考虑自动驾驶汽车与人类驾驶员之间的通信交互过程,以确定合作模式下的路权归属?

遵循原则:应考虑到车辆间的沟通交互过程——在大多数情况下,路权关系通常无法迅速确定,驾驶主体往往需要花费一段时间相互沟通,通过沟通中的隐性或显性通信获取线索信息,以确定谁的路权优先级更高。沟通交互过程应该尽可能简单,以确保建立简单而无歧义的互动规则。并且,需要考虑到可能的协商失败。为了降低安全风险,有必要对可能出现的协商失败或非理性驾驶行为进行针对性应对策略设计。

如何在各种行驶条件下,保证驾驶安全和驾驶效率之间的平衡?

遵循原则:应该在安全和通行效率之间保持适当的平衡——一个合理的自动驾驶策略应该在安全和通行效率之间保持适当的平衡。如果自动驾驶车辆追求避免一切可能发现碰撞事故,那么就可能陷入过度保守的困境,时刻提防其他车辆可能的非理性行为从而导致自身的合理行驶权利受到影响。因此,本书所设计提出的协商驾驶策略主要采用理性驾驶员假设,即在协商前,自动驾驶汽车对其他车辆持有理性预期,相信它们会大概率遵守人类的驾驶规则与交互习惯,但同时也不会将其视为具有100%确定性的个体。对它们的判断应该根据感知信息实时更新,制定非预期情况下的应急预案同样必要。

在自动驾驶汽车感知过程被简化的情况下,如何考虑自动驾驶汽车和人类驾驶员的能见度限制?

遵循原则:应保守处理感知的局限性——受限于天气、遮挡、故障等各种原因,自动驾驶车辆的感知距离与感知精度可能下降,因此驾驶主体应该始终为尚未观测到的潜在路权冲突做好准备。具体来说,当潜在冲突区域(如匝道汇合、交叉路口等场景)周围交通状态感知准确度欠佳时,驾驶主体应检查当前速度下是否能避免潜在的碰撞风险。必要时,自动驾驶车辆应该提前减速,以确保留有足够的空间进行紧急避险。

　　基于上述原则,本书提出了一种基于路权分配规则的广义协商驾驶决策框架(见图4-11),并通过流程化的条件判决规则确定各种场景下的路权归属。这种形式化的方法可以直观、具体、可验证地遵循人类驾驶逻辑分配路权。与传统规则决策模型相比,该框架具有以下优点:第一,该框架普遍适用于存在潜在冲突风险的各类道路交通场景,可在应用时根据实际路权冲突情况进行针对性的适配与设计;第二,该框架仿照人类驾驶逻辑,基于先到先得原则将多车路权分配问题转化为多组一对一的决策问题,从而大大降低了所需的计算与通信资源,在每个时间间隔内,驾驶主体只需与最近的一辆车进行交互,并根据协商结果判断是否有必要继续与其他车辆互动;第三,出于实用性的考虑,该决策过程简洁易懂且逻辑性强,满足可验证性的同时尽量避免了决策过程中可能存在的语义模糊与分歧。

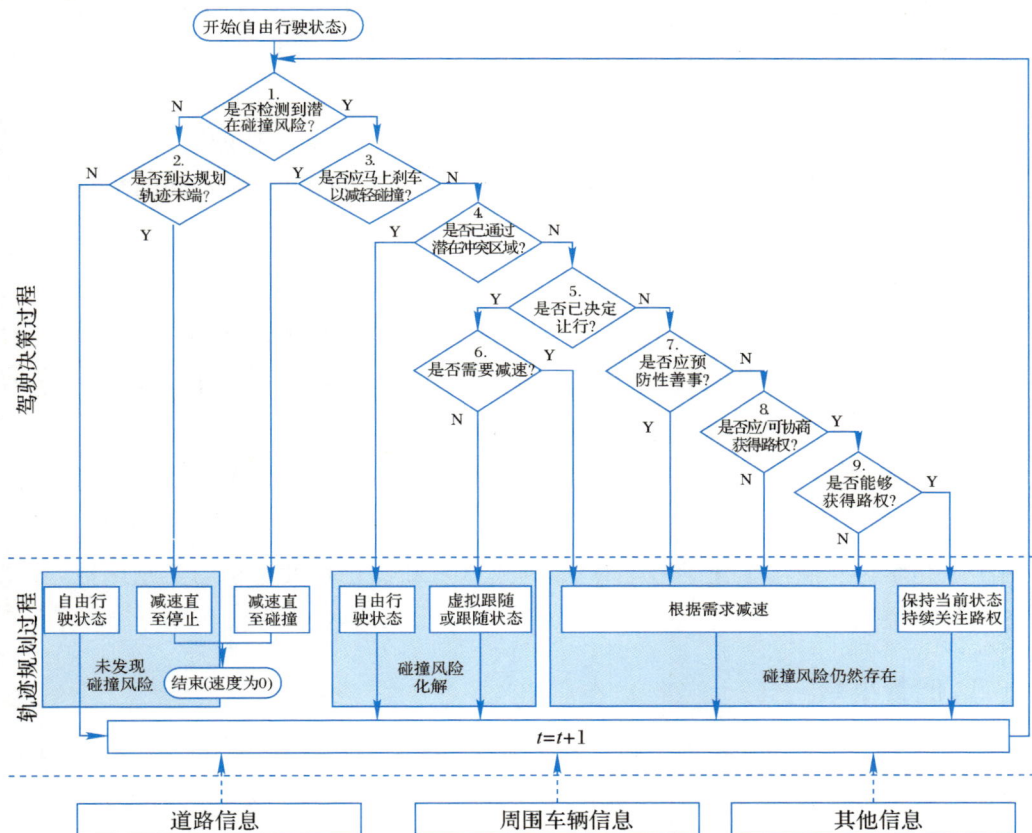

图4-11　基于路权分配规则的广义协商驾驶决策框架

　　本书研究为自动驾驶场景下的路权归属决策提供了一种定量、可操作的理论范式。该理论不仅能够提升自动驾驶的决策水平和安全性,而且具有较高的普适性,能够应用到其他人类和机器人同时共享关键资源的场景中。

四、任务实施

(一)任务描述

自动驾驶预测决策技术旨在打造自动驾驶的大脑,建立自动驾驶系统理解世界、作出决策的能力。当前,预测决策技术是自动驾驶领域亟待突破的热点问题。收集和整理主流汽车品牌和车型的智驾系统,分析不同功能在各品牌和车型中的决策认知系统的特点,分析汽车智能辅助驾驶功能中智能决策和认知的分层逻辑结构。通过汽车智能决策认知的硬件信息获取和软件算法的综合运用,了解智能网联汽车智能决策认知的组成和工作原理,培养学生的团队协作和创新能力。

预测决策是人工智能(AI)和机器人(Robotics)的交叉领域。现有的预测方法,基本以基于深度学习的网络为主,而现有的决策方法,则以机器人比较传统的路径和速度规划为主。融合预测决策,需要同时具备 AI 和机器人的能力。在端到端自动驾驶开始兴起的今天,更好地理解预测、决策两个任务以及进行两个任务的融会贯通,能帮助我们设计一个更加可解释、鲁棒的自动驾驶系统。这一技能在端到端自动驾驶来临的时代也分外有用,让大家知道如何设计一个好的网络、准备好的数据、设计好的任务。

(二)任务步骤

(1)对于密集的交互场景,比如匝道汇入场景、无保护左转场景、城中村骑行人行人交互场景等,准确理解其他交通参与者的意图并能在不确定性条件下,是如何进行自车决策的? 查找相关资料,找出相关智驾案例。

(2)如何实现智驾:无人驾驶汽车需要具备智能的驾驶决策能力,能够根据不同情况做出合理的决策,并与其他交通参与者进行良好的交互。智能驾驶决策技术主要基于强化学习和深度强化学习等算法,通过学习和优化驾驶过程的奖励函数,实现智能的驾驶决策。

五、任务小结

智能决策认知技术是无人驾驶汽车实现自主驾驶的核心技术之一。无人驾驶汽车需要能够准确地感知、理解和判断周围环境,以便做出正确、安全的驾驶决策。传感器融合技术是感知技术中的一个关键环节,能够将多个传感器的信息进行集成和融合,提高系统决策的准确性和鲁棒性。传统的决策算法主要应用于封闭无人环境下,但在处理复杂场景和动态环境时决策算法面临一定的挑战。近年来,基于深度学习的决策算法受到了广泛关注。深度学习算法能够通过学习海量的数据,自动提取特征和规律,从而实现更加精确和智能的路径决策规划。

▌任务二 路径规划算法执行

一、任务导入

随着人工智能和无人驾驶技术的快速发展,无人驾驶车辆的路径规划成了研究的重点之一。基于自监督学习的路径规划算法因其对无标注数据的有效利用而备受关注。本书将探讨基于自监督学习的无人驾驶路径规划算法的原理、关键技术和未来发展方向。路径规划 V-X 信息图谱如图 4-12 所示。

图 4-12 路径规划 V-X 信息图谱

二、任务目标

(一)知识目标

(1)掌握车辆的纵向控制和横向控制技术;

(2)熟悉决策算法实施技术方案;

(3)深入理解预测和决策的交互,并在复杂场景下完成预测决策。

(二)技能目标

(1)能够了解车辆运动中的建模分析;

(2)能够独立完成车辆运动控制的测试。

(三)素养目标

(1)养成良好的行为规范和职业道德;

(2)培养良好的团队意识及沟通交流能力;

(3)养成善于思考、深入研究等良好的自主学习习惯并培养创新精神。

三、任务咨询

(一)车辆的纵向控制和横向控制技术

车辆运动控制(Vehicle Motion Control,VMC)系统是一种集成多种传感器、控制器和执行机构,通过对车辆的加速、制动、转向和悬挂等功能进行综合控制,以提升车辆的操控性、安全性和舒适性。随着自动驾驶技术的发展、车辆智能化的推进以及电动汽车市场的快速扩展,VMC系统的重要性愈发凸显。车辆底盘是汽车的重要组成部分,承担着支撑、承载、动力传递和控制车辆行驶的任务。底盘系统包括多种执行器,这些执行器在车辆运动控制中起着关键作用。汽车运动受力建模分析如图4-13所示。

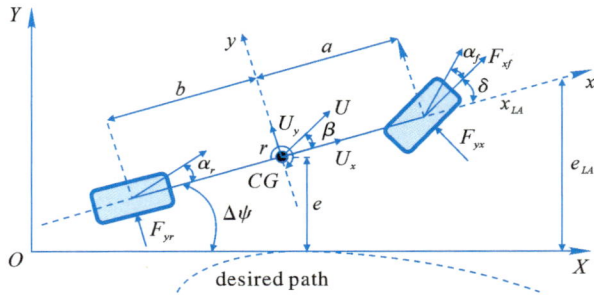

图4-13 汽车运动受力建模分析

运动控制指根据当前周围环境和车位位置、姿态、车速等信息按照一定的逻辑做出决策,并分别向油门、制动及转向等执行系统发出控制指令。运动控制主要研究内容包括横向控制、纵向控制和横纵协同控制。

(1)横向控制。其主要研究自动驾驶汽车的路径跟踪能力,即如何控制汽车沿规划的路径行驶,并保证汽车的行驶安全性、平稳性与乘坐舒适性。横向控制系统的实现主要依靠预瞄跟随控制、前馈控制和反馈控制;横向控制主要控制航向,通过改变方向盘扭矩或角度的大小等,使汽车按照想要的航向行驶;建立自动驾驶汽车横向控制系统,先要搭建道路-汽车动力学控制模型,根据最优预瞄驾驶员原理与模型设计侧向加速度最优跟踪PD控制器,从而得到汽车横向控制系统;然后,以汽车纵向速度及道路曲率为控制器输入,预瞄距离为控制器输出,构建预瞄距离自动选择的最优控制器,从而实现汽车横向运动的自适应预瞄最优控制,如图4-14所示。

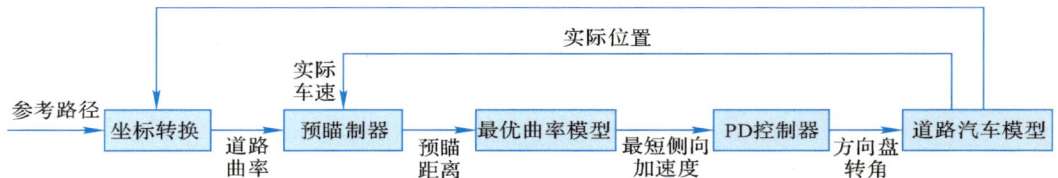

图4-14 横向控制流程图

(2)纵向控制。其主要研究自动驾驶汽车的速度跟踪能力,控制汽车按照预定的速度巡航或与前方动态目标保持一定的距离。纵向控制主要为速度控制,通过控制车、油门等实现对车速的控制;自动驾驶汽车纵向控制的控制原理是基于油门踏板与制动踏板的控制与协调切换,从而控制汽车加速、减速,实现对自动驾驶汽车纵向期望速度跟踪与控制的;自动驾驶汽车纵向控制系统分为两种模式,即直接式与分层式;直接设计控制器对控制参数进行调控的称作直接控制法;分成两个或多个控制器的称为分层结构控制法;直接式针对单个控制对象,不考虑控制对象与其他汽车的相对位置;分层式考虑汽车在行驶队列的转向、加速与制动等行为,以其他汽车作为参考进行控制;直接式运动控制是通过纵向控制器直接控制期望制动压力和油门开度,从而实现对跟随速度和跟随减速度直接控制,具有快速响应等特点,车辆纵向控制技术如图 4 - 15 所示。

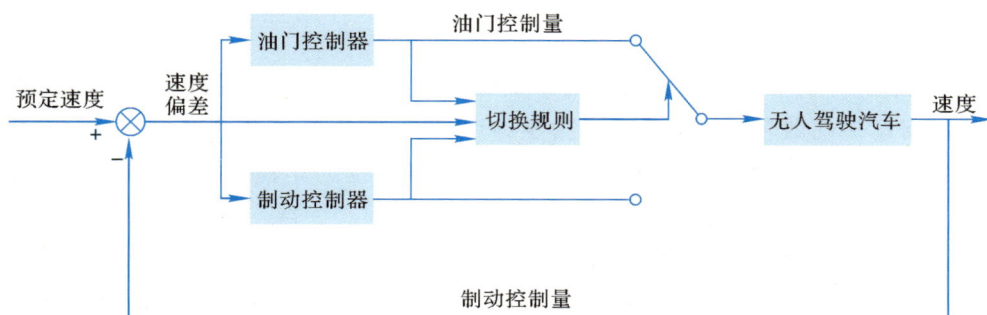

图 4 - 15 车辆纵向控制技术

(3)横纵协同控制。为实现横纵向控制器在实际情况下的控制效果,需要将横向控制与纵向控制协同起来并优化控制参数,构建自动驾驶汽车综合控制系统;该综合控制系统用于实现自动驾驶汽车的横纵向耦合运动控制,横纵向协同控制架构包括决策层、控制层、模型层,如图 4 - 16 所示。

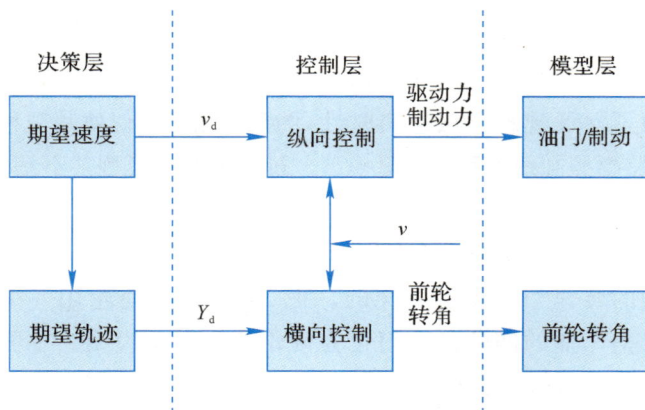

图 4 - 16 车辆横向纵向协同控制框架图

决策层:根据视觉感知系统感知的汽车外界道路环境信息与汽车行驶状态信息,对汽车的行驶路径进行规划,形成期望运动轨迹,并根据期望运动轨迹选择期望速度;控制层:基于决策层得到的期望路径与期望车速输入,经过控制系统的分析与运算得到理论的前轮转角输出、油门控制输出及制动器控制输出信号,作用于自动驾驶汽车,保证自动驾驶汽车跟踪期望速度沿着期望轨迹行驶;模型层:对于横纵向运动综合控制系统,运用数学知识建立整车横纵向数学模型。

自动驾驶汽车的纵向速度既是横向控制器的状态量输入又是纵向控制器的状态量输入,横向控制系统的前轮转角与车速有关,纵向控制系统的模糊控制器速度偏差输入与加速度偏差输入与车速有关,汽车的纵向车速成为连接横向控制系统与纵向控制系统的关键点。

四、任务实施

(一)任务描述

车辆运动规划与控制需要通过对车辆运动学或者动力学系统的控制来实现,任务是:如何建模规划车辆运动学和动力学约束,使运动跟踪控制性能会更好。车辆在地面运动的动力学过程是非常复杂的,为了尽量准确描述车辆运动,需要建立复杂的微分方程组,并用多个状态变量来描述其运动。

从无人驾驶车辆路径重规划和道路跟踪控制的角度对车辆系统进行建模,建立能够尽量准确反映车辆运动特性,并且有利于模型预测控制器设计的简化车辆运动学模型和动力学模型,车辆运动学模型从几何学的角度研究车辆的运动规律,包括车辆的空间位姿、速度等随时间的变化。当车辆在良好路面上低速行驶时,一般不需要考虑车辆的操纵稳定性等动力学问题,此时基于运动学模型设计的路径跟踪控制器具备可靠的控制性能。

(二)任务步骤

(1)通过基础专业课的学习,对车辆建模分析,用于模型预测控制的模型要能够表现出车辆运动学与动力学约束,就可以使模型预测控制器实现预定控制目的,特别是在规划阶段,为了保证规划算法的实时性,约束简化和近似就是一种非常重要的数学分析手段,比如轮胎摩擦圆约束和点质量模型。过于复杂的模型并不是研究的重点。

(2)假设车辆平面运动,即车辆在 Z 轴上的运动被忽略,在一个二维的 X、Y 平面上来描述车辆。用 x,y,ψ 来描述车辆的运动。假设左、右两个前轮的转向角是近似相等的,两侧轮胎的转速和转角是一样的。把、左右两个前轮用一个前轮来代替,后轮同理,这就可以把车辆的四轮模型简化为两轮的自行车模型。

注意:实际上左、右两轮的转角、转速是不相同的。忽略了轮胎受到的侧向力,即前轮与车辆纵轴的夹角,与前轮的速度方向是一致的,后轮也是一样的。这样忽略了轮胎上的侧偏角,假设在低速时是合理的。在低速时轮胎产生的侧向力是很小的。高速时就不适用了,在动力学模型中体现。假设车辆的行驶速度变化比较缓慢,这样就忽略了前后轴的载荷转移。假设整车及悬架系统是刚性的,如车轮没有滑移运动,也就是说整车纵轴的方向就是车辆的运动方向。

五、任务小结

车辆横向控制的发展和传感器硬件、环境要求息息相关。近年的横纵向控制发展主要有以下特点：

控制器设计着重针对系统非线性、不确定性和外界干扰。自动驾驶的工况不再是单一道路环境如高速小角度转弯的测试环境，而是需要面对多种路面状况，如载荷变化、不同车速下完成高精度的横向控制。控制器需要在各类干扰和模型不准确的情况下完成控制且具有鲁棒性，或者能根据环境状况修正控制策略。

多控制器相结合。由于车辆运行环境复杂多变，针对上述的非线性、不确定性和外界干扰，大量复合控制器被设计出来，采用包括串联结构、并联结构或者不同控制器在不同工况下独立控制等策略。主要有应对大误差时使系统快速响应的控制器和应对小误差时使系统精确跟踪的控制器。例如 MPC 和经典 PID 控制方法在应用时时常会结合其他控制方法保证准确和稳定。

控制自适应思想和机器学习相结合。自适应的思想是应对低频变化的系统参数和外界干扰的重要方法。卡尔曼滤波、凸优化方法、非线性优化方法等各种传统自适应和机器学习方法被用在控制器参数优化上。无人驾驶汽车需要能够准确地感知、理解和判断周围环境，以便做出正确、安全的驾驶决策。

▶ 任务三 智能决策与路径规划仿真

一、任务导入

自动驾驶汽车在真正商业化应用前，需要经历大量的道路测试才能达到商用要求。采用路测来优化自动驾驶算法耗费的时间和成本太高，且开放道路测试仍受到法规限制，极端交通条件和场景复现困难，测试存在安全隐患。目前，自动驾驶仿真测试已经被行业广泛接受，自动驾驶算法测试大约 90% 通过仿真平台完成，9% 在测试场完成，1% 通过实际路测完成。自动驾驶仿真测试平台必须要具备几种核心能力：真实还原测试场景、高效利用路采数据生成仿真场景、云端大规模并行加速等，使得仿真测试满足自动驾驶感知、决策规划和控制全栈算法的闭环。

二、任务目标

(一)知识目标

(1)掌握自动驾驶仿真环境测试的原理；

(2)了解市面上不同种类自动驾驶仿真环境；

(3)掌握自动驾驶仿真环境的搭建。

(二)技能目标

(1)能够熟练搭载智能网联汽车虚拟仿真环境；

(2)能够运用自动驾驶仿真的测试。

(三)素养目标

(1)鼓励学生主动思考问题,积极提出新的观点和想法,培养学生的创新意识；

(2)促进学生在不同学科领域之间建立联系,培养他们跨学科的思考能力；

(3)激发学生的内在学习动机,培养学生主动探索知识、解决问题的能力。

三、任务咨询

(一)汽车智能决策仿真系统构成

虚拟仿真技术是汽车研发、制造、验证测试等环节不可或缺的技术手段,能有效缩短技术和产品开发周期,降低研发成本；随着汽车智能化、网联化趋势的发展,虚拟仿真技术有了更大的发挥空间,比如自动驾驶系统的仿真测试验证；虚拟仿真测试是实现高阶自动驾驶落地应用的关键一环,具备自动驾驶功能的车辆必须经过大量的虚拟仿真测试以及实车路测之后才能商用化；自动驾驶汽车商用化需经历的三个测试阶段:仿真测试、封闭场地测试、开放道路测试。仿真测试包括以下几种类型,即模型在环仿真(MIL)、软件在环仿真(SIL)、硬件在环仿真(HIL)、整车在环仿真(VIL)。

实车道路测试面临的问题:据智能驾驶工程师研究,一套自动驾驶系统至少需要通过110×10^9 mi(1 mi $=1.609\ 344$ km)亿英里的驾驶数据来进行系统和算法的测试验证才能达到量产的条件。因此单纯依靠实车路测极难完成这一目标,并且实车路测还存在以下问题:道路测试周期长,成本高,效率低,覆盖的场景工况有限,很难复现对于一些极端的危险场景,道路测试安全性无法保障。仿真测试的优势:测试场景配置灵活,场景覆盖率高；测试过程安全,能够进行复现再测试,可实现自动测试和云端加速仿真测试,有利于提升测试效率和降低测试成本。虚拟仿真平台逻辑图如图 4-17 所示。

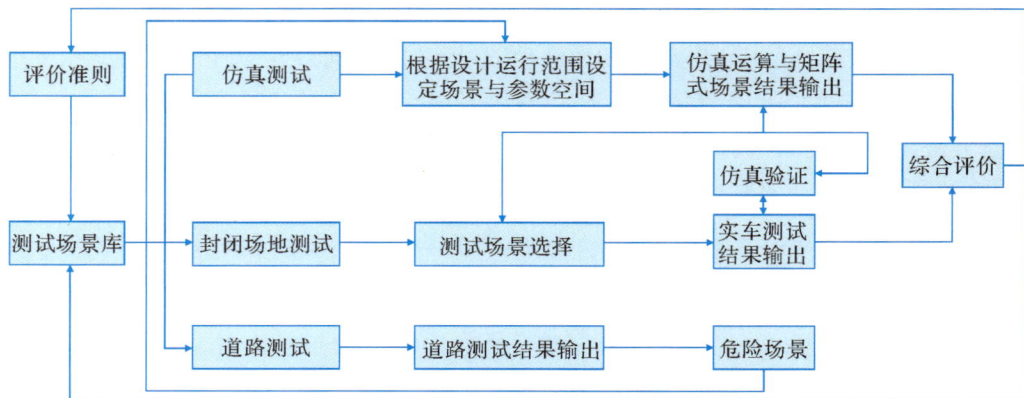

图 4-17　虚拟仿真平台逻辑图

仿真平台一般包括仿真框架、物理引擎和图形引擎;其中仿真框架是软件平台的核心,支持传感器仿真、车辆动力学仿真、通信仿真、交通环境仿真等。

(1)传感器仿真。它支持摄像头、激光雷达、毫米波雷达以及 GPS/IMU 等传感器仿真。

(2)车辆动力学仿真。它基于多体动力学搭建的模型,将包括转向、悬架、制动、I/O 硬件接口等在内的多个真实部件进行参数化建模,进而实现车辆模型运动过程中的姿态和运动学仿真模拟。

(3)交通场景仿真。它包括静态场景还原和动态场景仿真两部分,静态场景还原主要通过高精地图和三维建模技术来实现。

动态场景仿真既可通过把真实路采数据经过算法抽取后,再结合已有高精地图进行创建,也可通过对随机生成的交通流基于统计学的比例,经过人工设置相关参数后自动生成复杂的交通环境;例如可模拟自动驾驶汽车在现实世界中可能遇到的极端情况和危险情况,从模拟暴雨和暴雪等恶劣的天气条件到较弱的光线照明,再到周围车辆的危险操作等。

(4)V2X 仿真(通信仿真)。支持创建真实或虚拟传感器插件,使用户能够创建特殊的 V2X 传感器;既可以用来测试 V2X 系统,又可生成用于训练的合成数据。

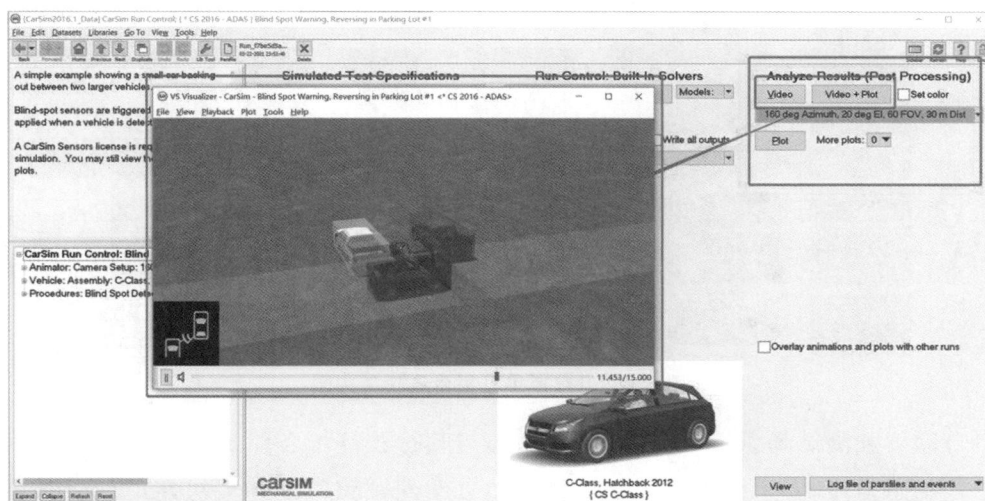

图 4-18　虚拟仿真平台界面

自动驾驶仿真软件的场景搭建仿真测试、封闭场地测试、开放道路测试三者之间互相补充,形成测试闭环,共同促进自动驾驶车辆的研发和标准体系建立。

(1)仿真测试结果可以在封闭场地和开放道路进行测试验证。

(2)通过道路测试得出的危险场景,将会反馈到仿真测试中,便可有针对性地去调整设定场景和参数空间。

（3）仿真测试和封闭场地测试的最终结果要进行综合评价，基于评价结果不断地去完善评价准则和测试场景库。

仿真测试、封闭场地测试、道路测试形成闭环促进研发及标准建立。

自动驾驶仿真测试的重要构成：场景库、仿真平台、评价体系；其中，场景库是基础，仿真平台是核心，评价体系是关键；三者紧密耦合，相互促进：场景库的建设需要仿真平台和评价体系作为指导，仿真平台的发展进化需要场景库和评价体系作为支撑，而评价体系的建立和完善也需要以现有的场景库和仿真平台作为参考基础。接下来笔者将从场景库、仿真平台、评价体系这三个重要方面依次展开来介绍。

（二）自动驾驶 AD Chauffeur 软件介绍

AD Chauffeur 仿真云平台整体由我国自行研发，在国内支持新一代智能汽车测试装备开发，打破了国外在实车测试装备上的垄断局面。实现场景数据参数化、测试用例虚拟化、测试场景链条化和评价指标体系化，为智能网联汽车虚拟仿真技术开发保驾护航。同时也支持其他仿真软件的接口融合，有效地将自动驾驶仿真与国际研究成果相互转化。虚拟仿真平台逻辑架构图如图 4 - 19 所示。

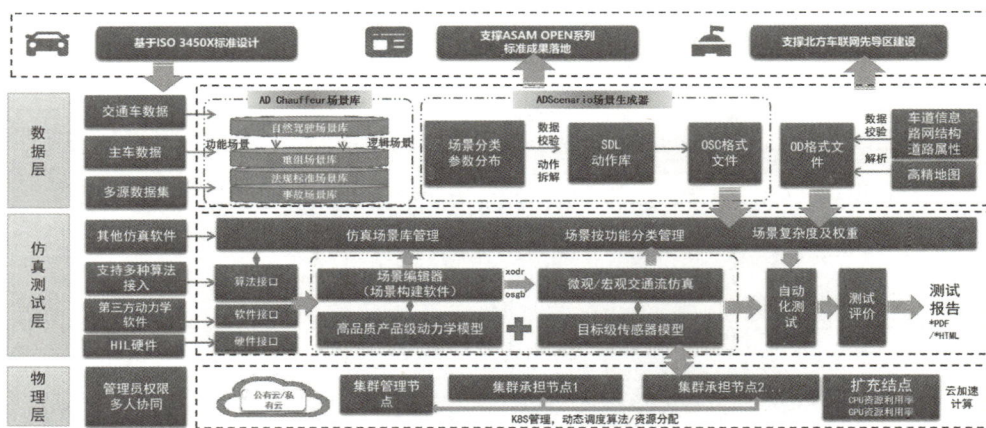

图 4 - 19　虚拟仿真平台逻辑架构图

自动驾驶测试场景定义：自动驾驶汽车与其行驶环境各组成要素在一段时间内的总体动态描述，要素组成由所期望检验的自动驾驶汽车的功能决定（定义引自：中汽协团体标准-自动驾驶系统功能测试第 7 部分-仿真测试）；简言之，场景可以被视为是自动驾驶汽车行驶场合与驾驶情景的有机组合。自动驾驶测试场景具有场景无限丰富、极其复杂、难以预测、不可穷尽等特点。

测试场景要素：测试车辆自身要素以及外部环境要素；外部环境要素又包括静态环境要素、动态环境要素、交通参与者要素、气象要素等。

场景库定义：满足某种测试需求的一系列自动驾驶测试场景构成的数据库。场景库能够完成从场景数据的管理到场景测试引擎的桥接,实现从场景的自动产生、管理、存储、检索、匹配,到最后注入测试工具。

场景库包含 4 种典型测试场景(中汽中心基于数据来源不同的一种分类方法):自然驾驶场景、危险工况场景、标准法规场景、参数重组场景。自动驾驶软件模拟图如图 4 - 20 所示。

图 4 - 20 自动驾驶软件模拟图

测试场景的数据来源主要包括三大部分:真实数据、模拟数据以及专家经验数据。

(1)真实数据。即现实世界真实发生的,经过传感器采集到或以其他形式被记录保存下来的真实场景数据,包括自然驾驶数据、交通事故数据、路侧单元监控数据、封闭场地测试数据以及开放道路测试数据等。

(2)模拟数据。模拟数据主要包括驾驶模拟器数据和仿真数据;前者是利用驾驶模拟器进行测试得到的场景要素信息;后者是自动驾驶系统或车辆在虚拟仿真平台上进行测试得到的场景要素信息。

(3)专家经验数据。基于专家的仿真测试经验总结归纳出来的场景要素信息,其中标准法规就是专家经验数据的典型代表。

场景库的搭建流程:

确定单个虚拟场景的数据存储方式与标准构建单个自动驾驶虚拟测试场景,在众多的虚拟测试场景中根据特征标签选取适当场景作为场景库的组成部分。

自动驾驶研发测试与场景库的搭建形成闭环:测试场景库的搭建,能有效驱动自动驾驶的研发测试工作,自动驾驶的研发测试反过来也能够为场景库提供反馈意见,丰富场景库。

图 4 - 21　自动驾驶软件道路仿真图

(三)自动驾驶系统的仿真

AD Chauffeur 主要模块：AD 场景生成器，实现场景自动生成与拼接；深度优化动力学仿真、传感器仿真功能；扩大内置场景库至 4 000 个，满足用户开箱即用的需求；优化加入汽车测试环境所支持的硬件，包括总线工具、实时系统、传感器仿真设备、驾驶模拟器等。

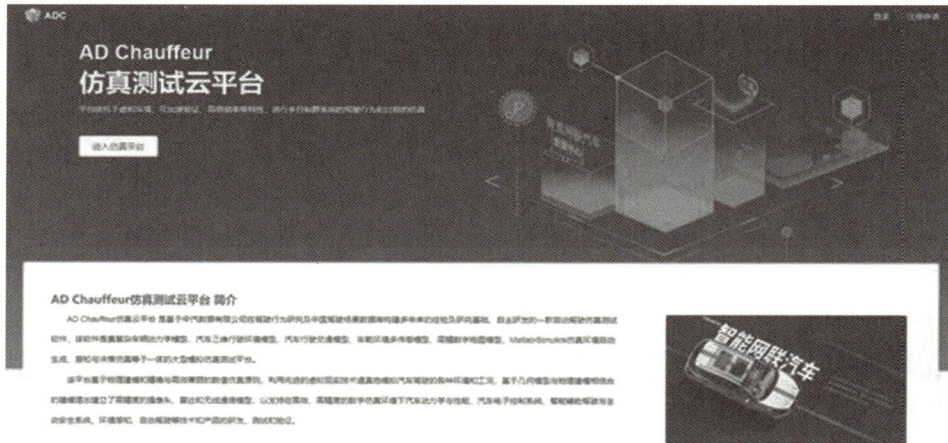

图 4 - 22　自动驾驶软件 AD Chauffeur

AD Chauffeur 采用视觉传感器的仿真效果，以及人机交互实验的沉浸感。它可以解决场景构建、多源数据格式转化、逻辑场景拼接及重组等行业难点问题，为场景生成提供重要支撑。

AD Chauffeur 环境搭建首先从电脑端登录系统，登录后在软件显示界面有测试车辆、场景测试库和快捷测试三个部分(见图 4 - 23)，首先点击进入测试车辆按键。

图 4 - 23　自动驾驶软件 AD Chauffeur 界面

在测试车辆界面能看到不同种类的车型,屏幕上的车型是以前搭建测试车辆遗留下来的,点击屏幕右下角,可以创建本次测试车型,车型不局限于轿车,一般市面上可购买的车辆都可以在资源库内选择(见图 4 - 24)。

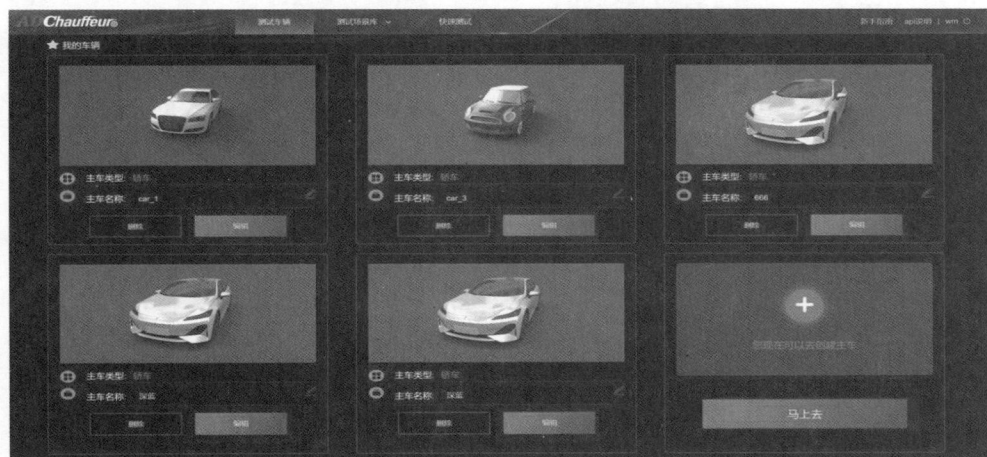

图 4 - 24　自动驾驶软件 AD Chauffeur 车面选择界面

在创建测试车辆界面上,模拟了真实的汽车硬件设备,与模拟的外界环境相结合,如控制器、各种自动驾驶传感器,主要对象有摄像头、雷达、组合导航等,现实中的传感器并不精准,因此仿真系统中也要对传感器的误差项进行建模。整个系统模拟车载硬件设备,发送各种信号,从而模拟出真实的自动驾驶场景。ECU 会接收到仿真环境发出的数据,例如:车速、转速、油门踏板信号、刹车信号等。自动驾驶软件 AD Chauffeur 车辆设置如图 4 - 25 所示。

图 4 - 25　自动驾驶软件 AD Chauffeur 车辆设置

通过仿真软件,还原与真实世界一致的物理静态元素,比如道路、交通标志、护栏、树木、建筑等,利用高精地图的矢量化图形,对道路要素进行重建,针对路口、立交桥、匝道、停车场等比较复杂的场景结构,AD Chauffeur 通过 UI 界面拖拽,用参数化的方式进行建设,对于中国本地特色的交通标识、信号灯、车辆等内容,AD Chauffeur 也进行了针对性的优化。除了静态层次,虚拟场景还包括了动态层,例如行人,变幻的天气以及临时交通管制等。自动驾驶软件 AD Chauffeur 道路交通设置如图 4-26 所示。

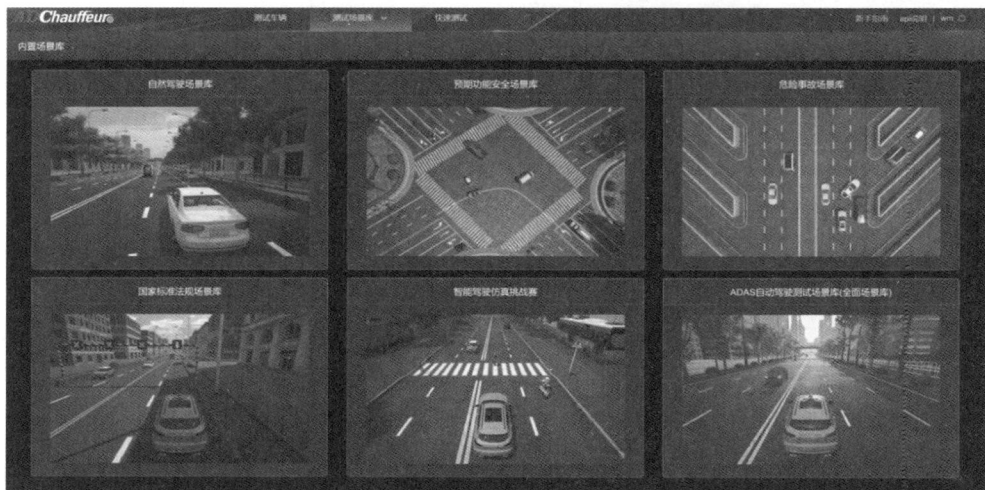

图 4-26　自动驾驶软件 AD Chauffeur 道路交通设置

除了内置的场景与自动转换场景之外,用户也可以通过场景编辑器,快速复现具有针对性的复杂场景。

在与主流测试工具对标分析后,AD Chauffeur 加入自动化测试模块。该模块可实现接口、测试逻辑、测试任务、评价、数据记录等功能。通过 AD Chauffeur 内置的图形化模块,用户可以通过拖拽的方式,组织自动化测试序列,极大地缩短建设测试用例的时间,并且可以快捷地遍历参数的取值范围,进行高覆盖度的测试。

基于 AD Chauffeur 的最新接口定义,中汽数据的应用技术团队构建了两种部署方式,为终端用户服务:轻量化云端仿真测试工具链、全栈式本地仿真工具链。前者将复杂渲染、数据存储与管理等放在云端,客户端只需部署轻量化的模型接口,用编辑工具与测试工具快速完成大量的基础验证工作。后者则将平台完全部署在客户端,保证数据的实时性、完整性,支持 HIL/VIL 等设备,要求实时性较高的测试平台。

本软件是一种面向对象,解释型计算机程序设计语言 Python,运用模块进行编程,具有丰富和强大的库。使用 Python 快速生成程序的原型,而后封装为 Python 可以调用的扩展类库。Python 语言的简洁性、众多开源的科学计算,软件包提供了 Python 的调用接口,其实虚拟仿真的界面就是由各类底层代码编写而成的,有兴趣的同学可以学习一下 Pyhton 软件。

自动驾驶软件 AD Chauffeur 后台界面如图 4-27 所示。

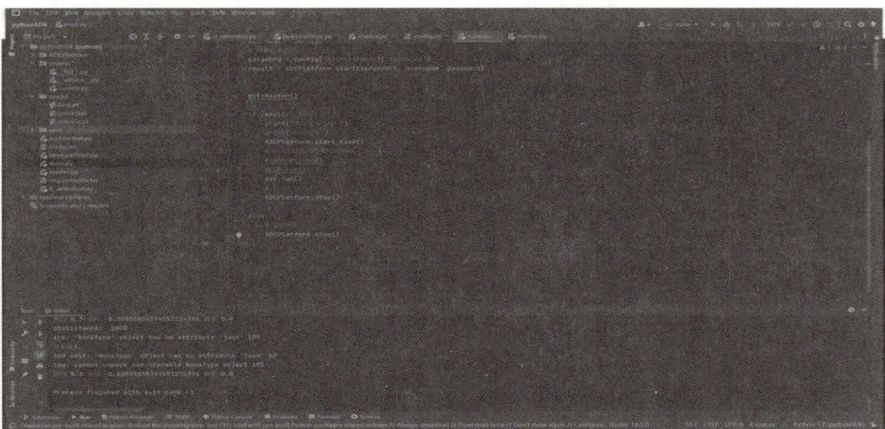

图 4 - 27　自动驾驶软件 AD Chauffeur 后台界面

当前自动驾驶工程师往往是选择直接编程搭建仿真系统的,这样可以降低时间成本、经济成本,提高测试的便捷性。

展望未来,面向汽车产业转型升级、融合发展的历史机遇,中国汽车以技术为核心,积极促进汽车电子、信息通信、道路交通运输等多行业领域,深度融合应用,助力车联网产业发展,为中国汽车企业奠定基础。

四、任务实施

(一)任务描述

通过自动驾驶仿真系统的硬件模拟和软件配置方法,让学生了解智能网联汽车模拟仿真系统的组成和工作原理,培养学生的团队协作和创新能力。

(二)任务步骤

(1)任务准备。智能网联汽车教学电脑,包括自动驾驶仿真软件等。

(2)理论讲解。了解智能网联汽车仿真软件的种类和发展趋势,详细讲解不同仿真系统的组成部分,如模拟传感器、控制器、车路协同等模块。

(3)软件配置。安装和配置信息交互系统所需的软件。

(4)功能测试。启动自动驾驶仿真软件,按照工单要求进行仿真测试。

五、任务小结

本次智能网联汽车自动驾驶仿真系统任务旨在深入探究和实践该系统的相关技术与应用。首先对软件系统的基本架构和工作原理进行了全面的学习和理解,包括车载仿真传感器、模拟真实道路、整车控制器、车联网通信模块等关键环节。通过本次任务,我们在智能网联汽车仿真系统方面积累了丰富的经验,提升了技术能力。但我们也认识到,这一领域仍在不断发展,需要持续学习和探索,以适应未来汽车智能化的发展需求。

▶实训工单三

1. 自动驾驶仿真环境测试

任务名称	自动驾驶仿真环境测试		学时		班级	
学生姓名			学生学号		任务成绩	
实训设备、工具及仪器	自动驾驶仿真环境测试电脑		实训场地		日期	
任务描述	本任务实施主要是加强对自动驾驶仿真环境测试电脑软件的学习与实操,通过任务实施、评价及反馈,帮助学生查找问题,理论结合实践,夯实培养质量					
任务目的	掌握自动驾驶软件仿真测试全流程					
任务步骤	任务要点			实施记录		
任务准备	1. 更换实训服,佩戴劳保用品; 2. 严禁非专业人员或无教师在场的情况下私自对部件进行操作; 3. 实训过程中需要至少两人配合完成			是否完成:是□　否□		
工具准备	自动驾驶仿真环境测试电脑					
平台基础检查	自动驾驶仿真环境测试电脑是否正常工作			是否完成:是□　否□ 是否完成:是□　否□		
自动驾驶仿真环境测试	1. 布置仿真环境; 2. 按照操作手册搭建仿真环境; 3. 仿真测试			是否完成:是□　否□ 是否完成:是□　否□ 是否完成:是□　否□		
操作完毕	实训设备、工具及资料整理,场地清洁					
任务总结	自动驾驶仿真环境测试总结:					

续表

评价反思

评价表					
项　目	评价指标	自　评		互　评	
专业技能	自动驾驶仿真环境测试	合格□	不合格□	合格□	不合格□
	按照任务要求完成作业内容	合格□	不合格□	合格□	不合格□
	完整填写工单	合格□	不合格□	合格□	不合格□
工作态度	着装规范，符合职业要求	合格□	不合格□	合格□	不合格□
	正确查阅相关资料和学习资料	合格□	不合格□	合格□	不合格□
	目标明确，独立完成	合格□	不合格□	合格□	不合格□
个人反思	完成任务的安全、质量、时间和 5S 要求，是否达到最佳程度，请提出个人改进建议				
教师评价	教师签字： 年　月　日	合格□	不合格□	合格□	不合格□
		合格□	不合格□	合格□	不合格□

项目五　底盘线控系统调试

▶任务一　底盘线控系统认知

一、任务导入

智能网联汽车根据智能决策技术规划出车辆的行为轨迹,通过控制车辆的纵向、横向和垂向,使车辆能够按照智能决策的规划准确、稳定的行驶,同时使车辆行驶过程中能够实现车速调节、车距保持、换道、超车等操作。智能网联汽车主要采用底盘线性控制技术完成车辆的执行任务。

二、任务目标

(一)知识目标

(1)了解智能网联汽车底盘线控的现状;

(2)掌握智能网联汽车底盘线控的组成;

(3)熟悉智能网联汽车底盘线控的关键技术。

(二)技能目标

(1)会准确分析智能网联汽车系统平台的整体架构和各个模块的功能;

(2)能独立完成智能网联汽车系统平台的基本操作和使用;

(3)会正确指出智能网联汽车底盘线控平台的通信协议和标准,以及各设备间的互操作性。

(三)素养目标

(1)鼓励学生主动思考问题,积极提出新的观点和想法,培养学生的创新意识;

(2)促进学生在不同学科领域之间建立联系,培养他们跨学科的思考能力;

(3)激发学生的内在学习动机,培养学生主动探索知识、解决问题的能力。

三、任务咨询

(一)智能网联汽车底盘线控技术现状

随着时代的发展,技术的进步,飞机上的线控技术逐步迁移到汽车上。汽车线控技术将驾驶员的操纵动作信息通过传感器转变为电信号,通过线路传输到执行机构。

目前汽车的线控技术应用的系统主要有线控转向系统、线控驱动系统、线控制动系统、线控悬架系统和线控换挡系统等。

线控技术可以通过分布在车上的传感器实时获取驾驶员的操作意图和汽车行驶中的参数信息,将车辆信息反馈给控制器,控制器对这些信息进行处理和分析,得出正确的控制参数传递给各个执行机构,从而实现对汽车的控制,提高车辆的转向性能、动力性能、制动性能和乘坐舒适性能。

随着汽车电子技术的发展,汽车逐渐趋向于集成化、模块化、机电一体化及智能化方向发展,并且由于微电子器件的成本降低、可靠性提高,电力电子装置的功能性增强,成本降低等技术背景,使得线控技术得以逐渐在汽车上普遍应用。线控转向模块等底盘系统相关的机电一体化产品和技术也进入了一个新的发展高度。

我国对线控汽车的研究起步较晚,与国外技术研究水平差距较大。而中国各高校对线控系统的研究较早,主要是以理论为主。吉林大学、同济大学、武汉理工大学等院校以及相关科研机构对线控技术进行了相关的研究,线控技术也正式成为我国汽车领域的重点研究方向。吉林大学提出了线控转向系统理想转向传动比的概念,并设计了稳态增益与动态反馈校正控制算法,开发了线控转向试验车,进行了控制算法的实验验证。武汉理工大学对线控转向系统的控制策略和相关控制器进行了研究;江苏大学也对线控转向系统的硬件在环系统进行了研究。北京理工大学针对线控转向系统提出了基于线控转向系统的主动转向控制策略以及全状态反馈控制算法,并进行了仿真验证,取得了一定成果。

(二)底盘线控系统的组成

随着汽车电动化、智能化和网联化的持续深入,底盘线控技术的应用也愈发全面,起初,这项技术源于 1972 年美国国家航空航天局(NASA)推出的线控飞行技术(Fly-By-Wire)的飞机,而这些线控系统技术相对于传统的机械或液压系统技术显著地提升了飞机的性能。正是因为线控技术的优良表现,人们开始慢慢尝试着将其应用到汽车当中。

线控系统主要由三大部分组成:传感器、ECU 控制器和执行器。首先传感器是获取各种车辆动态信息和驾驶员动态指令的重要器件,相当于眼睛和耳朵的作用;而ECU 控制器则是对这些信息进行分析并获取驾驶员转向、制动以及换挡换速各种指令的重要工具,相当于大脑的作用;最后则是这个执行器,执行器是对各种命令实施落实的重要工具,包括路感电机、转向电机等。

针对底盘线控技术而言,其主要由线控转向、线控制动、线控驱动、线控悬架和线控换挡组成。线控技术的基本原理如图 5-1 所示。

图 5-1　线控技术的基本原理

(二)底盘线控系统的关键技术

在底盘线控技术应用到汽车的过程中,随着科技水平的不断发展以及客观需求的不断强化,目前有以下几项重点项目在不断发展。

1.传感器技术

控制策略的执行和功能的完整实现都依据于系统对于外界的准确认知和对驾驶者信息输入的完整提取。像是汽车的车速、车轮的转速、电动机的转速、方向盘的转角、前轮转角等等,这些信息都是需要由传感器来获取的,而后的控制策略也正是必须依据这些准确的信息才能够起到良好的控制效果。随着汽车传感器在汽车中的广泛应用和发展,汽车传感器目前正沿着微型化、集成化、多功能化和智能化的方向发展。特别是随着微电子技术的不断发展,传感器的微型化趋势会更为明显,且对现有的产品开发起到了较大的促进作用,像是 MEMS 微型传感器在降低汽车电子系统成本及提高其性能方面具有较大优势,逐渐开始取代了传统机电技术开发的传感器。

2.容错控制技术

底盘线控技术的应用,最根本的改变就是针对传统机械式汽车当中的传动部分的入手,在线控转向、线控制动等技术的应用,汽车中的中间传动齿轮部分逐渐被线束所取代,在很大程度上释放了车辆的空间,且增加了相关模块放置的灵活性。但是另外一方面又很大程度上对车辆的可靠性和安全性提出了挑战,正因为控制执行机构的部分不再是由齿轮等机械结构而是由线束,则必须要有但线束等模块出现问题时能够将执行机构控制在一个"安全可靠"的状态,使得系统能够继续保持原有的性能或不至于丧失最基本的功能。则汽车线控系统必须实时收集系统的故障情况,并要采取容错控制,容错控制主要分为被动容错控制和主动容错控制。

3.总线通信技术

汽车通信很早便开始引入 CAN 总线通信技术,在传统的汽车电子系统中,通常某一个用电设备是由特定的一根线与控制器进行联络的,但随着汽车电子电气系统的不断复杂化,这样的方式会导致车辆中的线束数量激增,同时对汽车的开发造成影响。后来人们提出使用数据总线的方式,根据指令来起到控制作用,像是常见的计算机键盘,其能够发出 100 多位的指令,但是键盘与主机之间的数据连接线只有 7 根,其正是使用了这 7 根数据线利用不同的编码来传递信号的。像是现在高速 CAN、低速 CAN 总线拓扑体系的建设就是一种案例。

线控系统一共分为了线控转向、线控制动、线控驱动、线控悬架和线控换挡着几种技术,总体来说目前市场上比较成熟的技术还是线控制动、线控驱动和线控换挡;对于线控转向和线控悬架来说,目前还没有真正地实现量产应用。

关于线控驱动技术,目前正处于集中电机驱动阶段,未来随着控制器水平的提升以及车辆驾驶需求的进展,会慢慢地向分布式驱动发展,即控制器对控制各个车轮的电动机实现单独控制。

线控换挡技术目前主要应用在自动泊车和智能驾驶当中,自动泊车技术已经成为众多汽车的主要卖点。

线控悬架技术能够自动调节线控弹簧的刚度、车身高度和减震器的阻尼,但是由于质量、成本和可靠性的原因,目前这项技术属于非刚需配置。

线控制动技术,这项技术目前是线控系统技术中主机厂和供应商最为器重的部分,目前像是 EHB 系统中的 TWO-BOX 和 ONE-BOX 技术已经慢慢成熟,并将其成功地应用到了量产汽车当中,而下一步则是发展 EMB 技术,完成样机的研制和车辆的量产应用,将线控技术深入发展下去。

四、任务实施

(一)任务信息

任务信息见表 5-1。

表 5-1　任务信息

任务名称	底盘线控系统的认知	名　字		班　级	
实训设备	智能网联整车 1 台	实训场地		课　时	
组　号		日　期		成　绩	
任务描述		部件认知			

(二)准备工作

准备工作见表 5-2。

表 5-2　准备工作

准备项目	准备内容
场地准备	智能网联汽车整车实训室
教具文具	激光笔、白板、签字笔
设备准备	智能网联汽车整车、安全帽、绝缘手套
资料准备	车辆维修手册

(三)实施流程

实施流程见表 5-3。

表 5-3　实施流程

实施步骤	实施结果
查阅手册资料	
线控驱动系统部件认知	
线控转向系统认知	
线控制动系统认知	

(四)恢复整理

恢复整理见表 5-4。

表 5-4　恢复整理

类　别	基本内容
实训设备维护和检查	
实训设备及资料整理	
实训场地清洁和整理	
实训场地安全检查	

(五)任务评价

任务评价见表 5-5。

表 5-5　任务评价

考核内容	评价标准	分　值
出勤情况	全勤满分	10
	迟到早退扣 5 分,旷课扣 100 分	
学习态度	课堂纪律好,学习态度端正,认真好学,积极主动	20
	其他情况,视实际表现酌情减、扣分	
设备工具	按照项目规程规范,熟练使用设备、工具,使用完毕后及时清理归位	20
	其他情况,视实际表现酌情减、扣分	
实际操作	在规定时间内,按照操作规程完成项目且结果准确	30
	其他情况,视实际表现酌情减、扣分	
实训报告	按时、准确完成全部作业,且有独到见解	20
	其他情况,视实际表现酌情减、扣分	

五、任务小结

通过本次任务,我们认识到智能网联汽车底盘线控系统的组成,并了解了智能网联汽车的关键技术,能够在实车上找到底盘线控系统的各个组成部分。

任务二 底盘线控驱动系统调试

一、任务导入

无论是发动机动力汽车还是电动汽车,线控驱动系统的核心任务都是精确控制车辆的速度。而对于动力系统而言,则是要控制输出的功率。

如果我们驾驶的是发动机动力的汽车,则希望控制车辆加速,是通过油门踏板将加速的意图传递给发动机 ECU 的;如果驾驶的是电动汽车,则是通过加速踏板将信息传递给 VCU 的。这里的"油门"踏板和"加速"踏板,其本质都是传感器,采集的是驾驶员的驾驶意图,而踏板的开度和开度的变化率就分别对应到"想要获得什么样的速度"和"期望多长时间能够达到这个速度"。

二、任务目标

(一)知识目标

(1)了解智能网联汽车底盘线控驱动系统的定义与组成;

(2)掌握智能网联汽车底盘线控驱动系统的功能分类;

(3)了解智能网联汽车底盘线控驱动系统的发展趋势。

(二)技能目标

(1)会准确分析智能网联汽车底盘线控驱动系统平台的整体架构和各个模块的功能;

(2)能独立完成智能网联汽车底盘线控驱动系统平台的基本操作和使用;

(3)能够对智能网联汽车底盘线控驱动系统进行拆装。

(三)素养目标

(1)鼓励学生主动思考问题,积极提出新的观点和想法,培养学生的创新意识;

(2)促进学生在不同学科领域之间建立联系,培养他们跨学科的思考能力;

(3)激发学生的内在学习动机,培养学生主动探索知识、解决问题的能力。

三、任务咨询

(一)底盘线控节气门控制

在传统的节气门汽车中,油门踏板通过一根钢索或连杆与节气门相连。当驾驶员踩下油门时,节气门开度随之变化,而安装在节气门上的空气流量计检测到进气量并传递给 ECU。ECU 根据进气量和发动机转速等信息,计算出所需的喷油量,从而控制发动机的动力输出。

线控油门通过用线束(或导线)来取代拉索或者拉杆这些机械部件,在节气门处装一只微型电动机,用电动机来驱动节气门开度。我们把这种形式叫作线控节气门系统。

对于传统内燃机汽车,节气门的开度大小依靠机械装置与加速踏板相连接,驾驶员踩下加速踏板节气门随之打开,线控节气门系统通过电信号进行控制,取消了节气门与油门之间的机械传递。如图5-2所示。

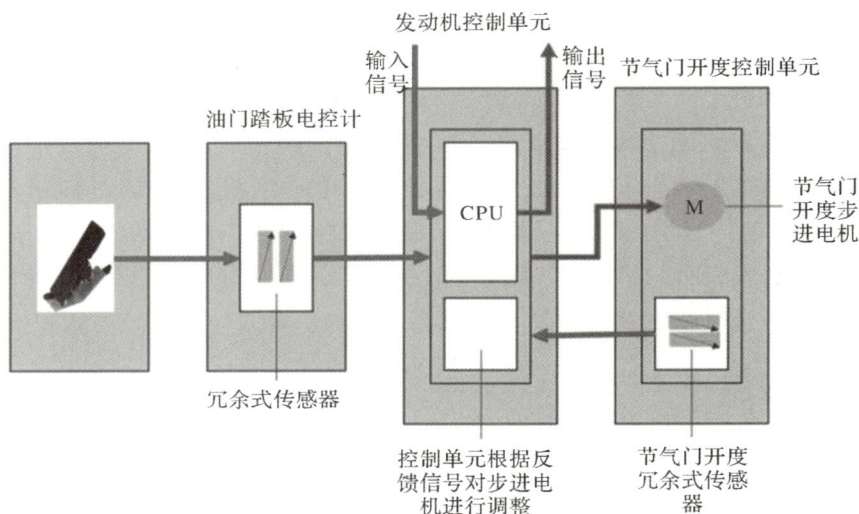

图5-2 传统汽车线控驱动系统控制原理图

燃油汽车和混合动力汽车线控节气门系统主要由加速踏板、踏板位移传感器、电子节气门控制单元(ECU)、数据总线、伺服电动机和节气门执行机构组成。

位移传感器安装在加速踏板内部,用来实时监测加速踏板的位置。当加速踏板被踩下时,它的高度位置会发生变化,传感器采集到信号会实时将此信息送往 ECU,ECU 根据内部设定好的控制策略,根据加速踏板信号和其他系统传来的数据信息(如车速、车距、节气门开度、发动机转速等)进行运算处理,并计算出一个控制信号,然后通过线路送到电动机,电动机一般安装在节气门轴处,电动机收到执行信号对节气门进行驱动;其中还包括数据总线,数据总线可以和与其他 ECU 之间进行通信。当节气门开度越大时,ECU 计算的喷油量也就越大,发动机转速会上升;反之亦然。

(二)底盘线控电机控制

纯电动汽车没有发动机,只有电源系统作为动力系统,这时"节气门"控制的是电机的转矩,它和整车控制器、电机控制器等一同实现车辆的加速。

驱动电机是线控驱动系统中的重要部件,能将电能转换为机械能。在各类驱动电机中,永磁同步电机具有高效、高控制精度、高转矩密度、良好的转矩平稳性及低振动噪声等特点,在电动汽车中应用最为广泛。

驱动电机控制器是驱动电机及控制系统的核心,是连接动力电池与驱动电机的电能转换单元。电动汽车线控驱动系统控制原理图如图5-3所示。

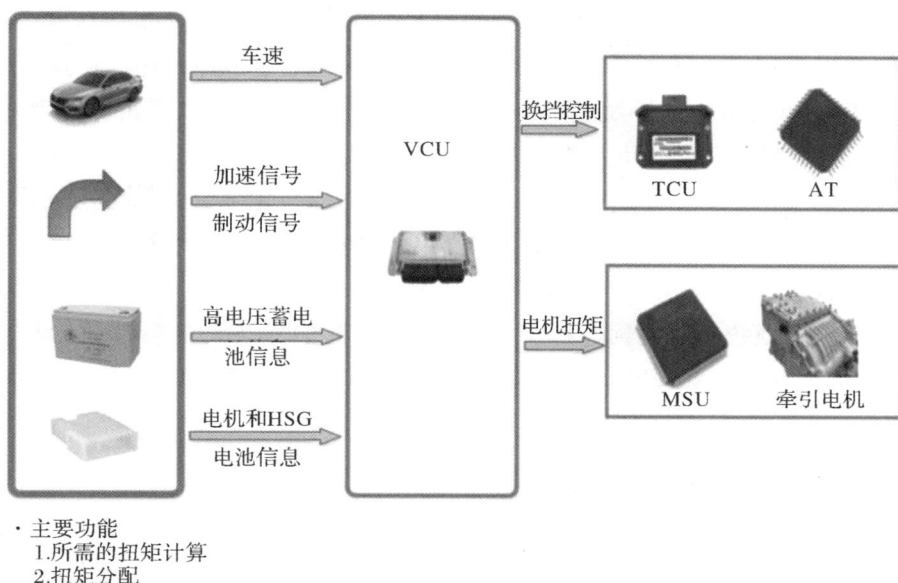

· 主要功能
1.所需的扭矩计算
2.扭矩分配

图 5-3 电动汽车线控驱动系统控制原理图

在电动汽车上使用的线控电机控制技术还具有制动能量回收功能,当驾驶人减小踏板力时,系统认为驾驶人具有减速的需求,这时候通过 ECU 发送指令,在没有踩踏制动踏板的情况下车辆实现制动能量回收,这个功能称为"单踏板"。"单踏板"模式的汽车油门踏板具有制动能量回收功能,但同时配备辅助制动踏板。

综合以上学习的线控节气门技术来分析它的优、缺点。

汽车线控节气门具有以下优点:

(1)舒适性、经济性好。线控节气门是根据驾驶人踩下踏板的动作幅度判断驾驶人意图,再综合车况实时、精确、合理控制节气门开度,使车辆在不同负荷和工况下都能接近于最佳理论状态,保证车辆的动力性与经济性。

(2)稳定性高。线控节气门系统在收到踏板信号后会进行分析判断再给节气门执行单元发送合适指令,保证车辆稳定行驶。

汽车线控节气门具有以下缺点:

(1)工作原理相对较为复杂,成本高。相比机械节气门,在硬件上线控节气门需要添加节气门位置位移传感器和伺服电动机以及其驱动器和执行机构,并增加 ECU接线;在软件上需要开发分析位置传感器信号并综合车况给出最优控制指令的算法,集成在车载 ECU 上,增加了开发成本。

(2)有延迟效果,没有机械节气门反应快。在装有线控节气门系统的汽车中,驾驶人不能直接控制节气门开度也就无法直接控制发动机动力大小,而是经由 ECU 分析给出汽车舒适性较好、较为省油的节气门控制指令,所以相对于直接控制式的机械节气门会有稍许延迟感。

（3）可靠性不如机械节气门好。汽车行驶中会遇到各种车况，并且汽车内部存在高频电磁干扰（如电动机和点火线圈会产生电磁干扰），电子器件可能会在这些情况下发生故障或松动，复杂的分析处理算法也可能会导致程序跑飞等故障情况出现，而驾驶人又无法直接控制发动机的动力大小，因此这种情况发生将产生不可预知的后果。

线控驱动技术被认为是线控底盘技术中最成熟的技术之一，已经实现了大规模的商业化应用。随着电气化水平的提升，线控驱动技术预计将由集中式驱动向分布式驱动发展，以满足未来智能汽车的需求。

线控节气门系统是智能网联汽车的发展方向，我们不止要学会其结构与工作原理，后续实践过程中也要提升动手操作的能力，有解决智能网联汽车线控节气门故障的能力。

四、任务实施

（一）任务信息

任务信息见表5-6。

表5-6　任务信息

任务名称	线控驱动系统拆装	名　字		班　级	
实训设备	线控驱动系统台架	实训场地		课　时	
组　号		日　期		成　绩	
任务描述		对线控系统进行拆装			

（二）准备工作

准备工作见表5-7。

表5-7　准备工作

准备项目	准备内容
场地准备	绝缘工具箱 高压防护用具 警示标识牌 翼子板防护垫
教具文具	
设备准备	线控驱动系统台架
资料准备	线控驱动系统台架手册

（三）实施流程

实施流程见表5-8。

表 5 - 8　实施流程

实施步骤	实施结果
安装驱动电机	
加装固定螺栓	
紧固线束	
安装电压安全保护壳	
电机控制的装配	
安装加速踏板	
紧固螺栓	
安装整车控制器(VCU)	
连接线束插头	
连接整车控制器对接插头	

(四)恢复整理

恢复整理见表 5 - 9。

表 5 - 9　恢复整理

类　别	基本内容
实训设备维护和检查	
实训设备及资料整理	
实训场地清洁和整理	
实训场地安全检查	

(五)任务评价

任务评价见表 5 - 10。

表 5 - 10　任务评价

考核内容	评价标准	分　值
出勤情况	全勤满分	10
	迟到早退扣 5 分,旷课扣 100 分	
学习态度	课堂纪律好,学习态度端正,认真好学,积极主动	20
	其他情况,视实际表现酌情减、扣分	
设备工具	按照项目规程规范,熟练使用设备、工具,使用完毕后及时清理归位	20
	其他情况,视实际表现酌情减、扣分	
实际操作	在规定时间内,按照操作规程完成项目且结果准确	30
	其他情况,视实际表现酌情减、扣分	
实训报告	按时、准确完成全部作业,且有独到见解	20
	其他情况,视实际表现酌情减、扣分	

五、任务小结

通过本次任务,了解了智能网联汽车线控驱动系统在传统汽车和新能源汽车上的两种形式,并掌握了它们的组成与工作原理,通过台架能够对线控驱动系统进行功能测试。

任务三　底盘线控制动系统调试

一、任务导入

线控制动的核心也是对车辆的速度控制,通过控制施加在车轮上的制动力来控制车轮转速,从而达到控制车速的目的。

那么施加在车轮上的制动力又是从何而来呢?

二、任务目标

(一)知识目标

(1)了解智能网联汽车底盘线控制动系统的定义与组成;

(2)掌握智能网联汽车底盘线控制动系统的功能分类;

(3)了解智能网联汽车底盘线控制动系统的发展趋势。

(二)技能目标

(1)会准确分析智能网联汽车底盘线控制动系统平台的整体架构和各个模块的功能;

(2)能独立完成智能网联汽车底盘线控制动系统平台的基本操作和使用;

(3)会正确指出智能网联汽车底盘线控制动系统平台的通信协议和标准,以及各设备间的互操作性。

(三)素养目标

(1)鼓励学生主动思考问题,积极提出新的观点和想法,培养学生的创新意识;

(2)促进学生在不同学科领域之间建立联系,培养他们跨学科的思考能力;

(3)激发学生的内在学习动机,培养学生主动探索知识、解决问题的能力。

三、任务咨询

(一)底盘线控制动系统定义

汽车制动系统是指对汽车某些部分(主要是车轮)施加一定的力,从而对其进行一定程度的强制制动的一系列专门装置。传统的制动系统是利用一些机械部件连接制动踏板和制动器,当踩下制动踏板时,机械连接的部分会把制动力传递给制动器,使制动器对车轮上的制动盘产生摩擦阻力作用,从而使车轮减速。

如果制动踏板仅仅只连接一个制动踏板位置传感器,踏板与制动系统之间没有任何刚性连接或液压连接,称之为线控制动。如图5-4所示。

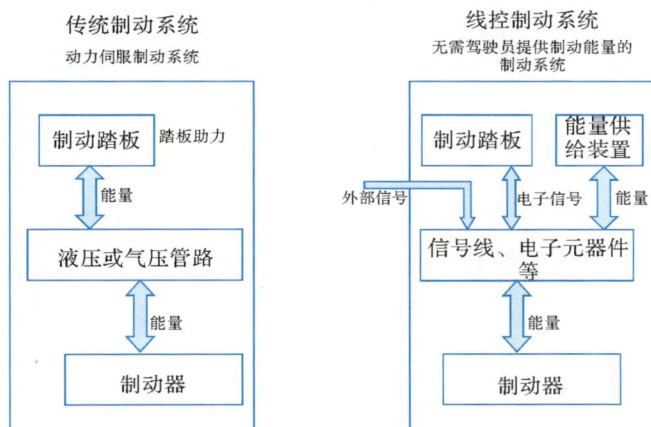

图 5-4 传统制动系统和线控制动系统

(二)底盘线控制动系统类型

自动驾驶时代的到来推动了线控制动技术的进一步发展。线控制动是自动驾驶汽车"控制执行层"中最关键的,也是技术难度最高的部分。线控制动系统根据建压模式可分为液压式线控制动系统(Electro-Hydraulic Brake,EHB)和电子机械线控制动系统(Electro-Mechanical Brake,EMB)。

线控制动系统将原有的制动踏板用一个模拟发生器替代,用以接收驾驶人的制动意图,产生、传递制动信号给控制和执行机构,并根据一定的算法模拟反馈给驾驶员。

线控制动系统ECU根据接收到的踏板模拟器信号、驻车制动器信号、轮速传感器信号等进行计算,通过信号处理与能源管理,输出执行信号给制动执行机构,使其进行正确的制动处理。EHB和EMB在传力路径上有很大不同,工作原理和特性也有差别。

(三)底盘线控制动系统工作原理

液压线控制动以液压制动为基础,采用综合制动模块取代传统制动系统中的助力器、压力调节器、防抱死系统(ABS)和电子稳定系统(ESC)等。通过踏板传感器给电子控制单元(ECU)输入制动信号,ECU根据踏板传感器信号及车速等信息,对制动电机输出命令,使其通过制动液建压,产生所需制动力。

EHB系统由于具有冗余系统,其安全性在用户的可接受性方面更具优势,是目前主流的线控制动方案。正常工作时,制动踏板与制动器之间的液压连接断开,备用阀处于关闭状态。制动踏板配有踏板感觉模拟器和电子传感器,ECU 可以通过传感器信号判断驾驶人的制动意图,并通过电机驱动液压泵进行制动。电子系统发生故障时,备用阀打开,EHB 系统变为传统的液压系统,如图 5-5 所示。

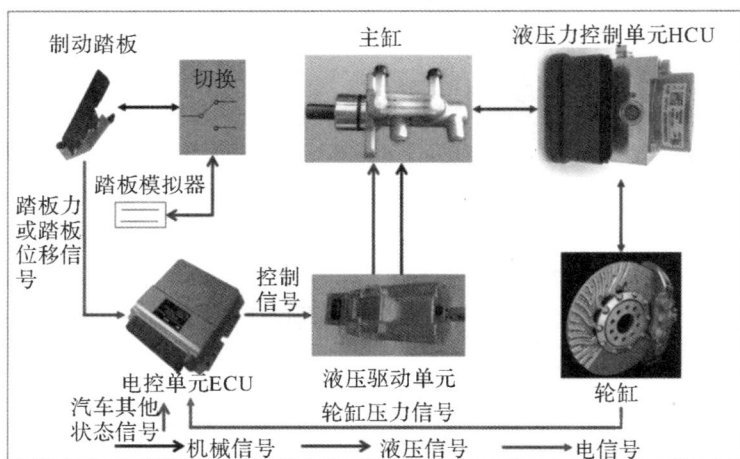

图 5-5　电子液压制动系统(EHB)结构图

备用系统增加了制动系统的安全性,使车辆在线控制动系统失效时还可以进行制动,但是由于备用系统中仍然包含复制的制动液传输管路,这就使得 EHB 并不完全包含线控制动系统产品的优点。EHB 系统也因此被视为全电路制动(BBW)系统的先期产品。

EHB 系统虽然实现了线控制动功能,但是并没有完全移除液压系统。

电子机械线控制动系统(EMB)完全摒弃了传统液压装置,采用电机直接对制动盘产生制动摩擦力。EMB 包括制动踏板模拟机构、制动踏板力传感器、制动电子控制模块、制动控制电机和电源等主要组成部分。EMB 具有响应速度极快、质量轻、集成度高的优势。但目前其技术成熟度不够高,综合成本较 EHB 方案较高,对底盘改动大,短期内难以在乘用车中实现大批量量产装车。如图 5-6 所示。

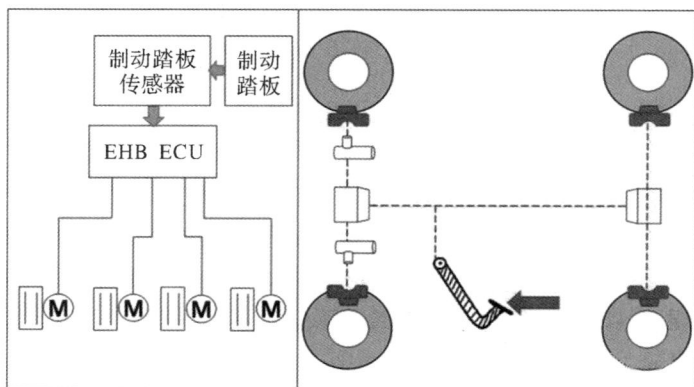

图 5-6　电子机械线控制动系统(EMB)结构图

(四)底盘线控制动系统的特点

1. 液压式线控制动系统的特点

液压式线控制动系统的制动踏板与制动执行机构解耦,可以降低部件的复杂性,减少液压与机械控制装置,减少杠杆、轴承等金属连接件,减轻质量,降低油耗和制造成本。

线控制动系统具有精确的制动力调节能力,能够计算出理想的电动汽车摩擦与回馈耦合制动系统的数据。

基于线控制动系统,可以实现更高品质的 ABS/ESC/EPB 等高级安全功能控制,满足先进汽车智能系统对自适应巡航、自动紧急制动、自动泊车以及自动无人驾驶等的要求。

但是液压式线控制动系统以液压为制动能量源,液压系统和其他电控系统不易整合。

2. 电子机械线控制动系统的特点

整个系统中没有连接制动管路,结构简单,体积小,信号通过电传播,反应灵敏,减小制动距离,工作稳定,维护简单,没有液压油管路,不存在液压油泄漏问题,通过 ECU 直接控制,易于实现 ABS、TCS、ESP、ACC 等功能,但是,没有备用制动系统,对系统总线协议可靠性要求更高,并能够有较强的抗干扰能力,制动能量需求大,需要大功率 42 V 高压电系统。

但是我国汽车产业不断发展,国内制动厂商中,瀚德万安已推出商用车 EMB 产品,长城旗下的精工底盘也已发布针对乘用车的 EMB 产品,蔚来 ES8,比亚迪 E6 也已将线控制动系统进行实车应用。我国汽车产业新技术与新工艺的发展革新层出不穷,我国车企创造的民族品牌是我们的骄傲。

四、任务实施

(一)任务信息

任务信息见表 5-11。

表 5-11 任务信息

任务名称	线控制动系统 CAN 总线信号分析	名 字		班 级	
实训设备	线控制动系统台架	实训场地		课 时	
组 号		日 期		成 绩	
任务描述	对线控制动系统 CAN 总线信号分析				

(二)准备工作

工作准备见表 5-12。

表 5-12　准备工作

准备项目	准备内容
场地准备	绝缘工具箱 数字万用表 数字示波器 CAN 分析仪 电脑及上位机软件 探针及线束
教具文具	
设备准备	线控制动系统台架
资料准备	线控制动系统台架手册

(三)实施流程

实施流程见表 5-13。

表 5-13　实施流程

实施步骤	实施结果	
电压分析		
CAN 总线波形检测		
CAN 总线数据读取		

(四)恢复整理

恢复整理见表 5-14。

表 5-14　恢复整理

类　别	基本内容
实训设备维护和检查	
实训设备及资料整理	
实训场地清洁和整理	
实训场地安全检查	

(五)任务评价

任务评价见表 5-15。

表 5-15　任务评价

考核内容	评价标准	分值
出勤情况	全勤满分	10
	迟到早退扣 5 分,旷课扣 100 分	
学习态度	课堂纪律好,学习态度端正,认真好学,积极主动	20
	其他情况,视实际表现酌情减、扣分	
设备工具	按照项目规程规范,熟练使用设备、工具,使用完毕后及时清理归位	20
	其他情况,视实际表现酌情减、扣分	
实际操作	在规定时间内,按照操作规程完成项目且结果准确	30
	其他情况,视实际表现酌情减、扣分	
实训报告	按时、准确完成全部作业,且有独到见解	20
	其他情况,视实际表现酌情减、扣分	

五、任务小结

本次任务从传统制动系统到线控制动系统进行分析,掌握了两种线控系统EHB、EMB 两种类型的组成与工作原理,并能通过台架进行测试,利用线控制动系统进行自动紧急制动功能验证。

任务四　底盘线控转向系统调试

一、任务导入

汽车转向系统是用来控制车辆横向运动的关键机构,直接影响车辆的操作稳定性与安全性,在驾驶过程中至关重要。

与汽车的驱动系统、制动系统一样,转向系统也经历了由纯机械转向到机械液压助力转向、电子液压助力转向、电动助力转向、线控转向的历程。电动助力转向是当前汽车转向系统的主流产品,线控转向是未来技术的发展方向。

二、任务目标

(一)知识目标

(1)了解智能网联汽车线控转向系统的定义与组成;
(2)掌握智能网联汽车线控转向系统的功能分类;
(3)了解智能网联汽车线控转向系统的发展趋势。

(二)技能目标

(1)会准确分析智能网联汽车线控转向系统平台的整体架构和各个模块的功能;

(2)能独立完成智能网联汽车线控转向系统平台的基本操作和使用；

(3)会正确指出智能网联汽车线控转向系统平台的通信协议和标准，以及各设备间的互操作性。

(三)素养目标

(1)鼓励学生主动思考问题，积极提出新的观点和想法，培养学生的创新意识；

(2)促进学生在不同学科领域之间建立联系，培养他们跨学科的思考能力；

(3)激发学生的内在学习动机，培养学生主动探索知识、解决问题的能力。

三、任务咨询

(一)底盘线控转向系统定义

汽车转向系统经历了机械转向系统、液压转向系统、电控液压转向系统、电动助力转向系统、线控转向系统五个阶段。汽车线控转向系统是在电动助力转向系统的基础上取消了方向盘和转向执行机构之间的机械连接，通过控制单元控制伺服电机来驱动车轮实现转向的转向系统。

传统的转向是方向盘连接转向管柱，再利用机械连接将转向管柱连接转向传动机构，线控转向省去了转向管柱与转向传动机构之间的机械连接，转换成通过传感器检测转向盘角度信号，并通过电脑控制电动机来驱动转向传动机构，使车辆实现转向的。

(二)底盘线控转向系统工作原理

汽车线控转向系统主要由转向盘模块、转向控制模块(ECU)和转向执行模块组成。

转向盘模块包括转向盘、转矩传感器、转向角传感器、转矩反馈电动机，转向盘模块主要利用传感器接收驾驶人输入的转向盘转角或者力矩信号，并将传感器接收的信号转换为电信号传递给转向控制模块，同时接受主控制器送来的力矩信号，产生方向盘回正力矩，以提供给驾驶员相应的路感信息。如图 5-7 所示。

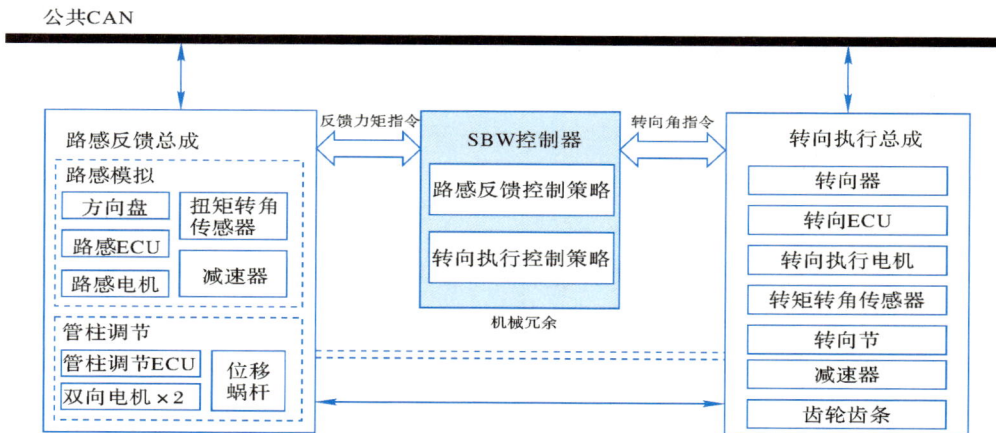

图 5-7 线控转向系统组成

转向控制模块是线控转向系统的控制中心和决策中心。对采集的信号进行分析处理,判别汽车的运动状态,向方向盘助力电机和回正电机发送指令,控制两个电机的工作,使车辆在各种工况下都具有理想的车辆响应,以减少驾驶员对汽车转向特性随车速变化的补偿任务,减轻驾驶员负担。同时控制器还可以对驾驶员的操作指令进行识别,判定在当前状态下驾驶员的转向操作是否合理。当汽车处于非稳定状态或驾驶员发出错误指令时,线控转向系统会将驾驶员错误的转向操作屏蔽,而自动进行稳定控制,使汽车尽快地恢复到稳定状态。

转向执行总成包括前轮转角传感器、转向执行电机、转向电机控制器和前轮转向组件等。转向执行总成的功能是接收主控制器的命令,转向执行模块包括角位移传感器、转向电动机、齿轮齿条转向机构和其他机械转向装置等,其功能主要是接收转向控制模块发出的转向指令,通过转向电机控制器控制转向车轮转动,实现驾驶员的转向意图;同时前轮角位移传感器实时监测前轮转角及其变化,并接收路面信息,将其转换为电信号反馈给转向控制模块作为路感模拟的输入信号。如图 5-8 所示。

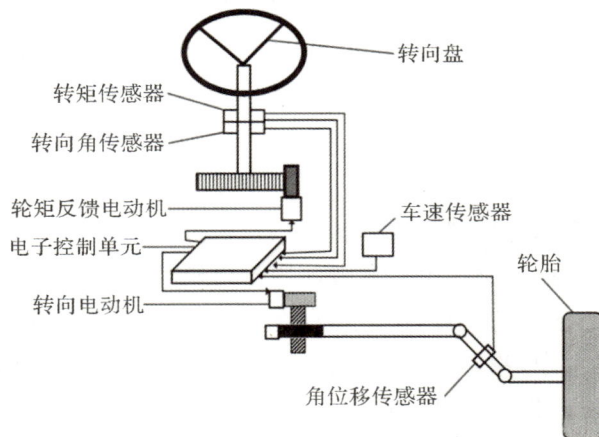

图 5-8 线控转向系统工作原理

驾驶人进行转向操作时,通过转向盘输入转向的角度、转向角速度以及转向力矩,转向盘模块中的传感器采集一系列信号并传递到转向控制模块;转向控制模块处理这些信号并根据自身车辆的速度以及其他信号进行传动比的计算,给出所需的前轮转角;然后控制转向执行模块的转向电动机带动前轮转到目标转角,实现转向意图。与此同时,转向控制模块根据车辆的前轮转角信号、一系列轮胎力信号以及驾驶人意图,然后通过路感模拟决策发出指令,控制转矩反馈电动机输出力矩反馈路面情况。

(三)底盘线控转向系统特点

线控转向系统有以下优点:

(1)安全、舒适。线控转向系统没有转向柱等机械连接,在发生事故时完全避免了其对驾驶人的伤害;汽车的行驶状态被 ECU 所监管,能够实时判断驾驶人的操作是否合理,并做出相应的调整;当汽车处于极限工况时,能够自动对汽车进行稳定控制。

驾驶人的腿部活动空间和汽车底盘的空间增大,乘坐更加舒适。

(2)改善驾驶特性,增强操纵性。基于车速、牵引力控制以及其他相关参数基础上的转向比率(转向盘转角和车轮转角的比值)不断变化:低速行驶时,转向比率低,可以减少转弯或停车时转向盘转动的角度,并提供较大的转向助力,使驾驶员转向轻便;高速行驶时,转向比率变大,获得更好的直线行驶条件,此时提供较小的转向助力,使驾驶员转向不发飘。

(3)改善驾驶员的路感。由于转向盘和转向车轮之间无机械连接,驾驶员"路感"通过模拟生成。所以可以从信号中提出最能够反应汽车实际行驶状态和路面状况的信息,作为转向盘回正力矩的控制变量,使转向盘仅向驾驶员提供有用信息,从而为驾驶员提供更为真实的"路感"。

(4)更易实现整车一体化控制。通过控制器和汽车总线的连接,可以实现汽车动态控制系统和汽车平顺性控制系统,以及其他的控制单元通信联系,为集成控制一体化提供了条件。

(5)提高转向效率,降低能源清耗。

线控转向系统还具有如下缺点:

(1)需要较高功率的力反馈电机和转向执行电机。

(2)需要实现复杂的力反馈电机和转向执行电机算法。

线控转向系统有很多的优点,但是也存在一些缺点,其控制算法复杂并且不够成熟,在以后的学习过程中,我们要认真钻研,不断思考,培养解决技术壁垒的能力,争取为汽车的智能化发展做出自己的贡献。

四、任务实施

(一)任务信息

任务信息见表 5-16。

表 5-16　任务信息

任务名称	线控转向系统 CAN 总线的检测	名　字		班　级	
实训设备	线控转向系统台架	实训场地		课　时	
组　号		日　期		成　绩	
任务描述	对线控转向系统 CAN 总线的检测				

(二)准备工作

准备工作见表 5-17。

表 5-17　准备工作

准备项目	准备内容
场地准备	线控转向系统台架
教具文具	A4 纸、白板
设备准备	绝缘工具箱 数字万用表 数字示波器 CAN 分析仪 电脑及上位机软件 探针及线束
资料准备	线控转向系统台架手册

(三)实施流程

实施流程见表 5-18。

表 5-18　实施流程

实施步骤	实施结果	
CAN 总线电气检测		
CAN 总线波形检测		
CAN 总线数据读取		

(四)恢复整理

恢复整理见表 5-19。

表 5-19　恢复整理

类　别	基本内容
实训设备维护和检查	
实训设备及资料整理	
实训场地清洁和整理	
实训场地安全检查	

(五)任务评价

任务评价见表 5-20。

表 5-20　任务评价

考核内容	评价标准	分　值
出勤情况	全勤满分	10
	迟到早退扣 5 分,旷课扣 100 分	
学习态度	课堂纪律好,学习态度端正,认真好学,积极主动	20
	其他情况,视实际表现酌情减、扣分	
设备工具	按照项目规程规范,熟练使用设备、工具,使用完毕后及时清理归位	20
	其他情况,视实际表现酌情减、扣分	
实际操作	在规定时间内,按照操作规程完成项目且结果准确	30
	其他情况,视实际表现酌情减、扣分	
实训报告	按时、准确完成全部作业,且有独到见解	20
	其他情况,视实际表现酌情减、扣分	

五、任务小结

本次任务探究了智能网联汽车底盘线控转向系统,并通过台架进行了智能网联汽车底盘线控转向的测试,通过台架记录线控转向在工作时的实时传输数据。

任务五　底盘线控悬架系统调试

一、任务导入

汽车产业正在进行电动化、智能化、网络化的转型升级,底盘领域也面临着从传统底盘、电动底盘到线控底盘的发展,带动悬架系统向线控悬架迭代。随着新能源汽车电动化、智能化发展,线控主动悬架成为必然趋势。外行往往觉得悬架系统是汽车底盘里面相对比较复杂的系统,所以通常会以为线控技术在悬架上的发展会相对比较滞后。事实上线控悬架并不是新鲜技术,相反其发展相对还有点儿"超前",目前高端车正在普及。随着新能源技术的不断发展,人们对汽车驾乘的舒适性提出了更高的要求,线控悬架技术在车辆中越来越广泛应用。

二、任务目标

(一)知识目标

(1)掌握智能网联汽车底盘线控悬架系统的定义与组成;

(2)了解智能网联汽车底盘线控悬架系统的功能分类;

(3)了解智能网联汽车底盘线控悬架系统的发展趋势。

(二)技能目标

(1)会准确分析智能网联汽车底盘线控悬架系统平台的整体架构和各个模块的功能;

(2)能独立完成智能网联汽车底盘线控悬架系统平台的基本操作和使用;

(2)会正确指出智能网联汽车底盘线控悬架平台的通信协议和标准,以及各设备间的互操作性。

(三)素养目标

(1)鼓励学生主动思考问题,积极提出新的观点和想法,培养学生的创新意识;

(2)促进学生在不同学科领域之间建立联系,培养他们跨学科的思考能力;

(3)激发学生的内在学习动机,培养学生主动探索知识、解决问题的能力。

三、任务咨询

(一)底盘线控悬架系统的定义

线控悬架系统(Suspension-By-Wire),也称为电控悬架/主动悬架系统,是智能网联车辆的重要组成部分。线控悬架实现纵垂协同控制,悬架负责承载并稳定汽车垂直方向受力,线控悬架是汽车垂直方向平衡器,可实现缓冲振动、保持平稳行驶的功能,直接影响车辆操控性能以及驾乘感受。

半主动式悬架及主动式悬架均属于线控悬架,其中主动式悬架技术一般可实现刚度、阻尼同时可调,常见的是液压悬架和空气悬架。

车辆驾乘过程中,操控性和舒适性是两个重要的评价指标,两者很难兼顾。线控悬架就是根据路况实际情况自动调节悬架的高度、刚度、阻尼实现行车姿态精细化控制,自动平衡汽车操控性和舒适性两个指标。

(二)底盘线控悬架的工作原理

1.组成

线控悬架系统主要由模式选择开关、传感器、ECU 和执行机构、线控弹簧、线控减震器、线控防倾杆等部分组成。线控悬架系统执行机构主要由执行器、阻尼器、电磁阀、步进电动机、气泵电动机等组成。线控悬架的实现方式:可变刚度弹簧、可变阻尼减震器以及可调稳定杆。

2.工作原理

在汽车智能化的背景下,线控悬架采用主动或者半主动弹性元件,由传感器帮助识别车辆行驶状态,处理器处理输出不同的弹性特性,通过线控方式给弹性元件系统执行,从而实现舒适或运动的悬架特性。

当汽车在路面行驶时,传感器将汽车行驶的路面情况(汽车的振动)和车速及启动、加速、转向、制动等工况转变为电信号,输送给电子控制单元,电子控制单元将传感器送入的电信号进行综合处理,输出对悬架的刚度、阻尼及车身刚度进行调节的控制信号。

线控悬架系统能够通过传感器、控制单元和执行器等组件实现实时监测和自动调节,以适应不同路况和驾驶需求,提供更加舒适和安全的驾驶体验。线控悬架可以在不同工况下,满足驾乘平顺性和车辆操控性要求。线控悬架系统可以针对汽车不同的工况,控制执行器产生不同的弹簧刚度和减震器阻尼,既能满足平顺性和操纵稳定性的要求,也要保障驾乘的舒适性要求。线控悬架技术能够针对路面条件、驾驶工况及驾驶员要求实现四个悬架阻尼的自适应可变调整,将汽车底盘调节成"正常型(Normal)""运动型"(Sport)和"舒适型"(Comfort)三种模式,通过可调节减震器解决运动性底盘和舒适性底盘的设计冲突,同时兼顾了乘坐舒适性和操纵稳定性,能够有效解决汽车操作稳定性和乘坐舒适性技术难题。比如路面存在沟坎,那么通过激光雷达或者摄像头可进行感知,决策系统做出判断,然后相应发出指令调整悬架刚度,提升驾乘感受。再比如车辆需要紧急转向避让时,线控悬架可以提升其刚度,抬高外侧悬架,降低内侧悬架,这些措施都可以保障车辆不失控。

线控悬架工作原理为,传感器将收集到的车身状态信号传给控制单元 ECU,控制单元依据一定的算法发出指令。

车身高度的控制,主要是控制车身在水平方向的高度,包括静止状态控制、行驶工况控制及自动水平控制等。静止状态控制,是指车辆静止时,由于乘员和货物等因素引起车载载荷的变化,线控悬架系统会自动改变车身高度,以减少悬架系统的负荷,改善汽车的外观形象。行驶工况控制,将车辆静态载荷和动态载荷综合考虑,当汽车在高速行驶时,线控悬架系统主动降低车身高度以改善行车的操纵稳定性和气动特性;当汽车行驶在起伏不平的路面时,主动升高车身以避免车身与地面或悬架的磕碰,同时改变悬挂系统的刚度以适应驾驶舒适性的要求。自动水平控制,在道路平坦开阔的行驶工况下,车身高度不受动态载荷和静态载荷影响,保持基本恒定的姿态,以保证驾乘舒适性和前大灯光束方向不变,提高行车的安全性。如图 5-9 所示。

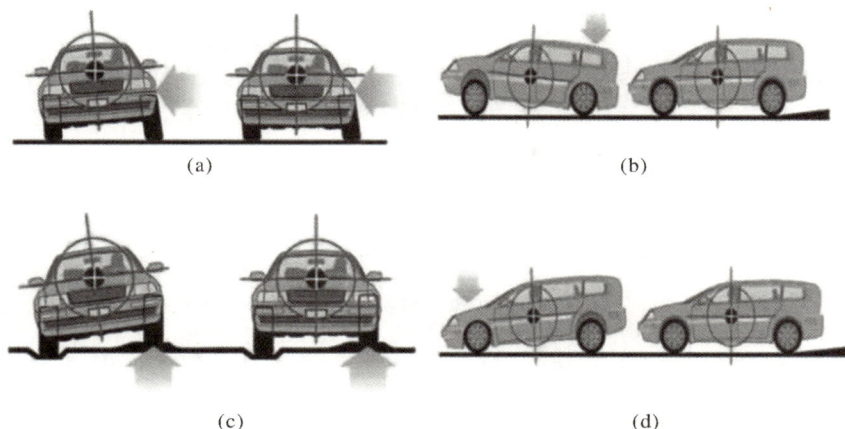

图 5 - 9 典型线控悬架系统工作模式

(a)减少车辆出现侧倾;(b)避免起步时车辆抬头;(c)不平路面吸收起伏颠簸;(d)避免刹车时出现点头

（1）空气弹簧。驱动空气供给单元工作,吸入空气并通过空气滤清器去除杂质并干燥后送入储气罐,通过分配阀输送到各轮边空气弹簧,以调节悬架高度及刚度。

传感器负责采集汽车的行驶路况（主要是颠簸情况）、车速以及起动、加速、转向、制动等工况转变为电信号,经简单处理后传输给线控悬架 ECU。其中,主要涉及车辆的加速度传感器、高度传感器、速度传感器和转角传感器等关键传感器。空气弹簧根据 ECU 的控制信号,准确、快速、及时地作出反应动作,包括气缸内气体质量、气体压力及电磁阀设定气压等关键参量的改变,实现对车身弹簧刚度、减振器阻尼以及车身高度的调节。典型线控空气悬架工作原理示意图如图 5 - 10 所示。

图 5 - 10 为典型线控空气悬架工作原理示意图。

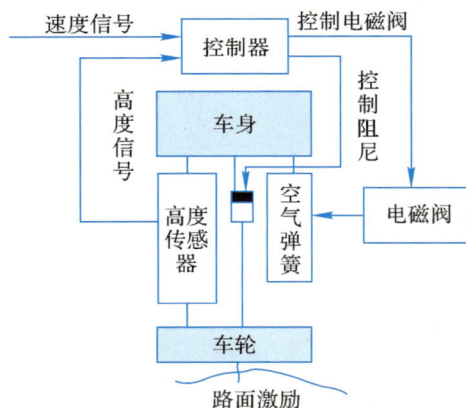

图 5 - 10 典型线控悬架系统工作原理示意图

线控悬架系统 ECU 可以实现减振器阻尼、空气弹簧刚度以及空气弹簧长度（车身高度）的控制等主要功能。

配备空气弹簧的车型可以在颠簸路况中通过改变车身高度,达到提升车辆通过性、减小离地间隙进而减小风阻的作用。由于空气弹簧的作用介质为空气,气压变化存在一定滞后性,因此空气弹簧的高度调节不具备瞬时性。

悬架不在期望位置,电控装置发出信号,车身高度调节阀开始工作,控制空气悬架回路的充/放气过程。线控弹簧控制原理图如图 5－11 所示。

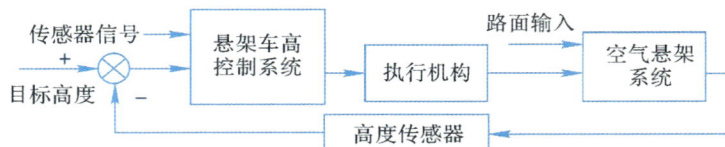

图 5－11 线控弹簧控制原理图

线控悬架 ECU 接收车辆高度、行驶速度和路况信号进行工况判断,自主改变车身高度模式。

（2）线控减震器。线控减震器通过对路面激励信号和悬架振动信号的处理获得最佳的减震器阻尼参数,通过阻尼调节抵消部分车轮的弹力,使传递到车身的振动幅值和频率减弱,进而提高乘坐舒适性和行驶稳定性。

线控悬架 ECU 根据车身加速度、车轮加速度、横向加速度传感器的数据判断车身姿态,进而对 CDC 的控制阀发出开度指令。

改变电磁阀开度,调节线控减震器内油流速度,以调节悬架阻尼。

(三)线控悬架的特点

1. 难点

（1）系统可靠性技术。线控悬架比传统悬架复杂,发生故障的概率以及事故危害性高于传统悬架,需提高空气悬架整体的可靠性。

（2）空气防泄漏技术。降低空气泄漏的概率,减少空气泄漏对汽车行车姿态造成的影响,并做好安全冗余备份。

（3）恶劣路况适应性技术。提高线控悬架智能性,减少恶劣天气以及不良路面对自动控制系统产生不良干扰。

2. 优点

线控悬架的最大优点是能够根据不同路况和行驶状态做出反应,使汽车具有更好的驾乘体验,且由电信号控制而更加智能,如图 5－12 所示。其优点具体如下:

（1）刚度可调。可改善汽车转弯时出现的侧倾以及制动和加速等引起的车身点头和后坐等问题;刚度可调,可改善汽车转弯侧倾、制动前倾和加速抬头等情况。

（2）维持高度。汽车载荷变化时,能自动维持车身高度不变。

（3）有效避障。碰到障碍物时,能瞬时提高底盘和车轮越过障碍,使汽车的通过性得到提高;在颠簸路面行驶时,能自动改变底盘高度,提高汽车通过性。

（4）可抑制制动时的点头,充分利用车轮与地面的附着条件,加速制动过程,缩短制动距离。

（5）使车轮与地面保持良好的接触,提高车轮与地面的附着力,增加汽车抵抗侧滑的能力。

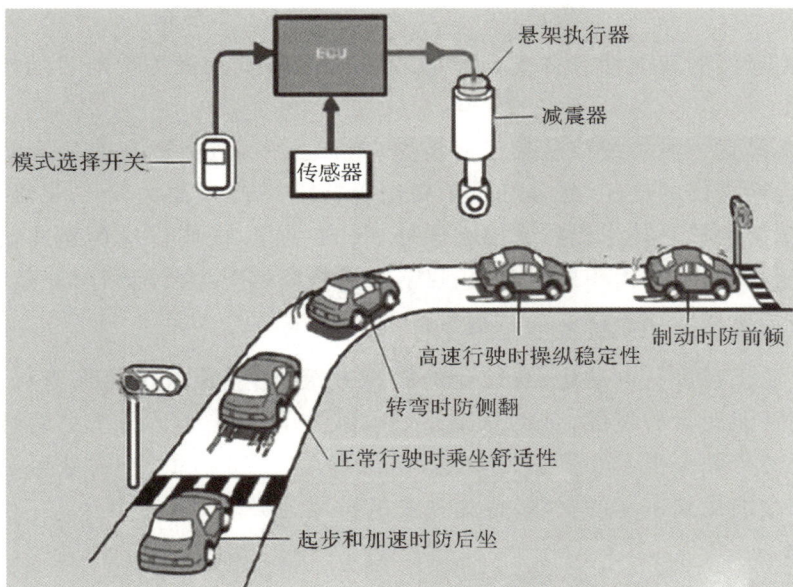

图 5-12　线控悬架作用

3.缺点

　　尽管线控悬架系统有诸多优点,但其复杂的结构也决定了线控悬架系统具有不可避免的缺点。

　　(1)结构复杂,故障的概率、频率和危害远远高于传统悬挂系统。由于线控悬架要求每一个车轮悬架都有控制单元,得到路面谱数据后的优化处理算法难度非常大,容易造成调节过度或失效,调节不好就会适得其反。对整车的故障率、安全风险、能耗均产生一定负面影响。

　　工业产品的铁律就是:越是复杂的结构,其故障率就越高。可调刚度、阻尼的悬架已经出现了20多年,其故障率一直居高不下,寿命一直很难撑过汽车的整个生命周期。并且此类悬架在行车过程中出现故障,很可能引发车身姿态的剧烈变化,从而导致重大事故。

　　1)就线控空气悬架而言:①用空气作为调整底盘高度的"推进动力",减振器的密封性要求非常高,若空气减振器出现漏气,则整个系统将处于"瘫痪"状态。比如某空悬在碰到地面凹坑时爆裂即是一个典型的案例。②如果频繁地调整底盘高度,还有可能造成气泵系统局部过热,会大大缩短气泵的使用寿命。③线控悬架尤其是空气弹簧,由于没有备份,所以一旦出现严重泄漏事故,行车姿态会出现剧烈变化,会增加安全风险。

　　2)就宝马"魔术"悬架系统而言,除了存在空气悬架自身缺点外,系统还存在着其他的限制,如:摄像头只能识别路面的凹陷和凸起,像浸满雨水的坑就会被无视;而斑马线却很有可能被当成起伏。此外,颠簸振动、雨雪大雾天气、迎面射来的灯光都会直接让系统失效。

（2）线控悬架增加了电机/液压泵、控制器、传感器、储气罐等配置,质量和能耗都会有所提升。

（3）线控悬架的智能性有待提升,恶劣天气以及不良路面均会对自动控制系统产生不良干扰。

（4）价格昂贵。虽然线控悬架已有成熟、量产技术,但由于其前期大量的研发费用的投入,后期高昂的使用、保养和维护费用等造成其成本居高不下,很难大量推广。再者,线控悬架的核心技术仍然掌握在国外 Tier1 手里,国内供应商对此研发力度不大,目前产品只是代销,由于成本高昂,目前多用于高档车型装配和国外高端车。

（五）底盘线控悬架系统发展趋势

汽车产业正在进行电动化、智能化的转型升级,底盘领域也面临着从传统底盘、电动底盘到智能底盘的发展,带动悬架系统向线控悬架迭代。由于主动悬架系统能够带来更好的行驶安全性和舒适性,所以作为汽车底盘核心之一的悬架系统在智能化的背景下愈加受到市场的关注,成为未来的发展趋势。

1. 竞争格局

目前,国内市场上的线控悬架主要还是被国外系统供应商的产品所垄断,新能源汽车时代的到来,国内造车新势力和自主品牌纷纷增配空气悬架、CDC 悬架系统。在技术迭代和规模效应的背景下,新能源汽车的渗透率有望逐步提高,线控悬架的市场空间被打开。但国内品牌车型正处于半主动悬架起步及快速普及阶段,参考国外悬架系统的发展规律预测,未来国内线控悬架技术也会向着前馈半主动悬架系统和主动悬架系统的方向发展,进一步缩短与国外高端品牌车型线控悬架技术的差距。如图 5-13 所示。

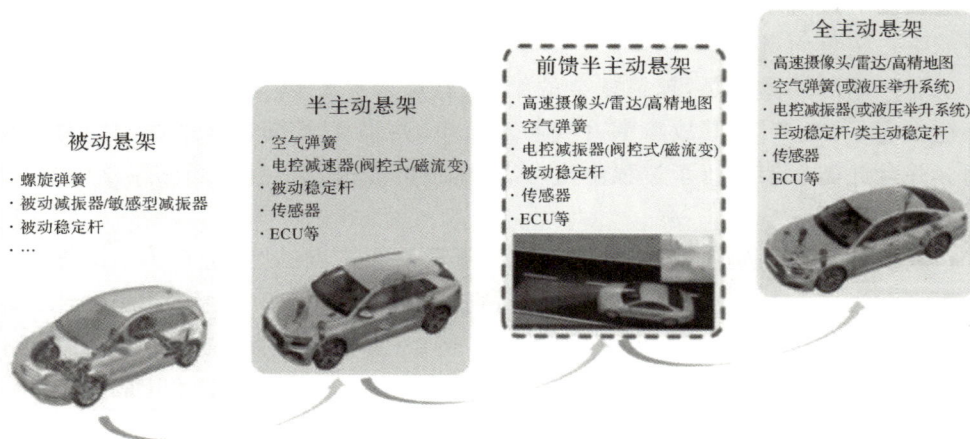

图 5-13　线控悬架发展历程

电动化趋势影响下,造车新势力的中高端电动车开始搭载线控悬挂,应用线控悬挂的豪车车型最低价格也在下降,渗透率有望提升,线控空气悬架技术成熟,行业格局稳定,中国供应商享受到降价带来的红利,正加速发展。

从目前应用线控悬挂的汽车品牌车型来看,豪车占大部分,随着新能源车的发展以及中国供应商入局带来的线控悬挂成本降低,造车新势力的中高端电动车也开始搭载线控悬挂,豪车品牌的最低价格也在下降,渗透率有望提升。

2.自主供应商快速追赶

国外 Tier1 线控悬架布局早,参与者国际零部件供应商巨头研发底蕴深,且已有量产经验和配套用户,自主供应商目前大多集中于线控悬架的零部件供应。由于自主供应商技术快速追赶、响应速度较国外 Tier1 更快,且更加符合自主品牌主机厂降成本的需要,自主供应商有望加速国产替代。

3.自上而下渗透

最初,线控悬架因成本较高,一般仅应用于高端车型。一方面,自主品牌高端化发展也进一步扩充了国内中高端市场的规模,造车新势力均将空气悬架作为产品卖点之一;另一方面,随着线控悬架成本降低,以及普通客户对驾乘舒适性需求提升,线控悬架正在逐步实现价格下探,未来线控悬架有望渗透至 10 万～20 万元区间主流市场。

4.智能悬架国产化拉开序幕

近几年,国内线控悬架的发展势头迅猛,众多整车企业、零部件企业、高校和科研机构纷纷投入大量资源进行不同维度的研究开发工作,推动线控悬架系统国产化。

以前一级零部件跨国公司以及国外车企,首先具备了覆盖 ECU、空气弹簧、减震器等核心部件的供应能力。对于不少国内供应商而言,电控悬架开发费用高、周期长、配套难,在技术成熟度、产业链健全度及市场认可度等方面与外资竞争对手存在差距。可以说,国内多数车型配装的电控悬架产品基本由外资供应商提供,但无论配套还是后续维护的成本都不低。

不过现在随着自主品牌中高端车型加快投放,车企对智能悬架系统开发和供货资源的需求日趋迫切,带动自主零部件企业的创新与发展,打破空气弹簧、空气供给单元等技术壁垒。目前部分优秀的智能悬架自主供应商加速走到台前。

以往不少自主品牌车企觉得用国外供应商的空气悬架更好,但从某车型的成功配套中看到,越来越多的车企改变了看法,而且国内产品的成本更低、性价比更高、服务也好得多。但通过实际尝试应用,以及各种路面的适应性验证,对产品性能有了更多认同,认识越来越理性。

自主供应商逐渐发展壮大的同时,配装智能悬架的车型价格也不断下探。今后随着自主品牌高端化战略叠加供应链国产替代加速带来的成本降低,配装空气悬架系统的车型价格有望继续下探,从而加速这类产品的进一步普及。

除了技术上加速追赶之外,自主供应商的崛起,得益于与整车企业协同发展的优势。相比之下,本土供应商具备成本、周期和快速服务等方面的优势,能在保证产品可靠性的基础上,与整车协同开发,及时跟进车企的需求并提供及时的服务,更加符合车企短周期开发和快速反应的需要。国内空气悬架行业已取得突破性进展,实现了量产配套,这给行业带来很好的示范作用。

线控悬架领域迎来确定性的国产替代机会。看好未来线控悬架系统国产替代确定性的机会,对于不同的技术路线而言,短、中、长期有各自的机会。

空气悬架由于其 BOM 材料以机械件为主,即便国产化后成本下降空间有限,整体系统价格还是偏高,其在中、高端车型有一定的市场机会。

CDC 悬架由于其绝对成本较低,在中端及中偏低端车型有更大的市场份额,可能会以更快的速度渗透,短中期值得关注。

电磁 MRC 悬架因成本因素,短期内渗透会较慢,但有望通过材料的持续迭代实现更大的降本想象空间,跟光伏的持续降本空间比风电更大相似的逻辑,长期空间值得关注。

至于行业细分方向的机会,可以关注和悬架相关的域控制器、MCU 芯片、橡胶气囊、电磁阀和电磁 MRC 磁流变材料等。

5. 电控空气悬架系统是汽车底盘智能化升级的重要方向

国内车辆空气悬架配置率低于欧美平均,中国空气悬架市场仍有较大增长空间。如图 5 - 14 所示。

目前,空气悬架在美国和欧洲乘用车市场的配置率分别为 13.7% 和 14.5%,而中国市场预期于 2025 年配置率达到 10%。

新能源电动车市场快速发展,空气悬挂在新能源车上开启新时代,满足了底盘轻量化的需求。2021 年新能源汽车产量达到 367.7 万辆,年增幅达到 152%,预计产量将持续扩大。新势力有望拉动空气悬架消费趋势,有望出现更多车企搭载空气悬架。

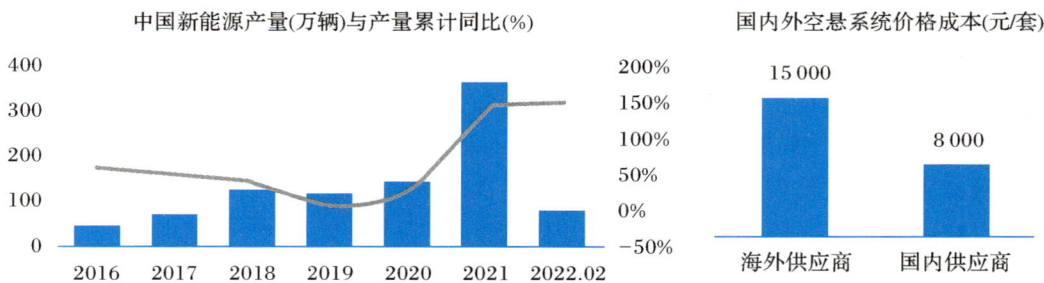

图 5 - 14　线控悬架现状

随着国产化趋势降本的发展,空气悬挂由完全进口到国产自主崛起开始突破核心部件,国产供应商在成本控制及快速反应上优势明显,目前已在自主品牌及新势力里实现快速突破,持续斩获多款重磅车型订单。随着国内企业的技术、产品不断成熟,叠加新的产能释放,国产替代有望加速。成本的降低,以及新能源车底盘轻量化的需求,中国乘用车开始采用空气悬挂系统成为趋势,空气悬挂正打开 35 万元以下中档车型的市场空间。

6.与其他智能技术趋向融合

(1)互联互通与自适应性增强:线控悬架系统将与其他车辆系统实现更紧密的互联互通。与车辆稳定性控制系统、制动系统、转向系统等进行协同控制,提供更卓越的整车性能。同时,线控悬架系统将更加自适应,能够根据驾驶者的驾驶风格、偏好和路况实时调节悬架参数,提供个性化的驾驶体验。

(2)新技术的应用:随着新技术的不断涌现,如人工智能、机器学习和传感器技术的进步,线控悬架系统将有更多的创新应用。例如,利用机器学习算法分析大数据,实现更智能的悬架控制;结合视觉识别和环境感知技术,实现更高级的悬架调节和适应性。

7.轻量化和节能环保

线控悬架系统将趋向轻量化设计,采用更轻的材料和结构,以减轻整车质量并提高燃油经济性。同时,优化的悬架控制策略可以减少悬架系统的能耗,提高能源利用效率。节能环保将成为线控悬架技术发展的重要方向。

这些是线控悬架发展的一些趋势,未来的发展将进一步提升悬架性能和驾驶体验,为驾驶者带来更高级别的舒适性、稳定性和操控性。

四、任务实施

(一)任务信息

任务信息见表 5-21。

表 5-21 任务信息

任务名称	线控悬架的部件检查	名 字		班 级	
实训设备	智能网联汽车整车	实训场地		课 时	
组 号		日 期		成 绩	
任务描述	对智能网联汽车线控悬架部件进行检查				

(二)准备工作

准备工作见表 5-22。

表 5-22 准备工作

准备项目	准备内容
场地准备	智能网联汽车整车实训室
教具文具	白板、白板笔
设备准备	智能网联汽车整车
资料准备	智能网联汽车整车维修手册

(三)实施流程

实施流程见表5-23。

表5-23 实施流程

实施步骤	实施结果	
找到线控悬架的各个部件		
对各个部件进行检查		
标注损坏部件		

(四)恢复整理

恢复整理见表5-24。

表2-24 恢复整理

类　别	基本内容
实训设备维护和检查	
实训设备及资料整理	
实训场地清洁和整理	
实训场地安全检查	

(五)任务评价

任务评价见表5-25。

表5-25 任务评价

考核内容	评价标准	分　值
出勤情况	全勤满分	10
	迟到早退扣5分,旷课扣100分	
学习态度	课堂纪律好,学习态度端正,认真好学,积极主动	20
	其他情况,视实际表现酌情减、扣分	
设备工具	按照项目规程规范,熟练使用设备、工具,使用完毕后及时清理归位	20
	其他情况,视实际表现酌情减、扣分	
实际操作	在规定时间内,按照操作规程完成项目且结果准确	30
	其他情况,视实际表现酌情减、扣分	
实训报告	按时、准确完成全部作业,且有独到见解	20
	其他情况,视实际表现酌情减、扣分	

五、任务小结

底盘线控悬架系统在车辆上应用较早,与车辆的乘坐舒适性相关密切,本次任务学习了底盘线控悬架系统的工作过程并分析了线控悬架的发展趋势。

▶**实训工单四**

1.底盘线控系统认知

任务名称	底盘线控系统认知		学　时		班　级	
学生姓名			学生学号		任务成绩	
实训设备、工具及仪器	智能网联汽车、万用表、工具车、安全防护用品		实训场地		日　期	
任务描述	本任务实施主要是对底盘线控系统部件进行认知,通过任务实施、评价及反馈,帮助学生查找问题,理论结合实践,完成任务					
任务目的	认识底盘线控系统部件					

任务步骤	任务要点	实施记录
任务准备	1.穿工作服,佩戴劳保用品; 2.严禁非专业人员或无教师在场的情况下私自对车辆进行操作; 3.实训场地封闭,消防器材布置合格; 4.实训过程中需要至少两人配合完成	是否完成:是□　否□
工具准备	智能网联汽车、工具车、安全防护用品	
车辆基础检查	1.检查智能网联实训车是否平稳放置; 2.检查智能网联实训车是否能够整车上下电	是否完成:是□　否□ 是否完成:是□　否□
实施流程	1.查阅手册资料; 2.线控驱动系统部件认知; 3.线控转向系统认知; 4.线控制动系统认知	是否完成:是□　否□ 是否完成:是□　否□ 是否完成:是□　否□ 是否完成:是□　否□
操作完毕	实训设备、工具及资料整理,场地清洁	是否完成:是□　否□
任务总结		

续表

评 价 反 思		评 价 表				
		项　目	评价指标	自　评	互　评	
	专业 技能		认识底盘线控部件	合格□　不合格□	合格□　不合格□	
			按照任务要求完成作业内容	合格□　不合格□	合格□　不合格□	
			完整填写工单	合格□　不合格□	合格□　不合格□	
	工作 态度		着装规范，符合职业要求	合格□　不合格□	合格□　不合格□	
			正确查阅相关资料和学习资料	合格□　不合格□	合格□　不合格□	
			目标明确，独立完成	合格□　不合格□	合格□　不合格□	
	个人 反思		完成任务的安全、质量、时间和 5S 要求，是否达到最佳程度，请提出个人改进建议			
	教师 评价		教师签字： 　　　年　月　日	合格□　不合格□ 合格□　不合格□	合格□　不合格□ 合格□　不合格□	

2.底盘线控驱动系统拆装

任务名称	底盘线控驱动系统拆装	学 时		班 级	
学生姓名		学生学号		任务成绩	
实训设备、工具及仪器	智能网联汽车台架、工具车、安全防护用品	实训场地		日 期	
任务描述	本任务实施主要是对底盘线控驱动系统部件进行拆装,通过任务实施、评价及反馈,帮助学生查找问题,理论结合实践,完成任务				
任务目的	能够完成底盘线控驱动系统拆装				
任务步骤	任务要点		实施记录		
任务准备	1.穿工作服,佩戴劳保用品; 2.严禁非专业人员或无教师在场的情况下私自对车辆进行操作; 3.实训场地封闭,消防器材布置合格; 4.实训过程中需要至少两人配合完成		是否完成:是□ 否□		
工具准备	智能网联汽车、工具车、安全防护用品				
车辆基础检查	1.检查智能网联实训台架是否正常; 2.检查智能网联实训车是否能够整车上下电		是否完成:是□ 否□ 是否完成:是□ 否□		
实施流程	1.安装驱动电机; 2.加装固定螺栓; 3.紧固线束; 4.安装电压安全保护壳; 5.电机控制的装配; 6.安装加速踏板; 7.紧固螺栓; 8.安装整车控制器(VCU); 9.连接线束插头; 10.连接整车控制器对接插头		是否完成:是□ 否□ 是否完成:是□ 否□ 是否完成:是□ 否□ 是否完成:是□ 否□ 是否完成:是□ 否□ 是否完成:是□ 否□ 是否完成:是□ 否□ 是否完成:是□ 否□ 是否完成:是□ 否□ 是否完成:是□ 否□		
操作完毕	实训设备、工具及资料整理,场地清洁		是否完成:是□ 否□		
任务总结					

续表

评价反思	评 价 表			
	项　目	评价指标	自　评	互　评
	专业技能	认识底盘线控部件	合格□　不合格□	合格□　不合格□
		按照任务要求完成作业内容	合格□　不合格□	合格□　不合格□
		完整填写工单	合格□　不合格□	合格□　不合格□
	工作态度	着装规范,符合职业要求	合格□　不合格□	合格□　不合格□
		正确查阅相关资料和学习资料	合格□　不合格□	合格□　不合格□
		目标明确,独立完成	合格□　不合格□	合格□　不合格□
	个人反思	完成任务的安全、质量、时间和 5S 要求,是否达到最佳程度,请提出个人改进建议		
	教师评价	教师签字: 　　　　年　月　日	合格□　不合格□ 合格□　不合格□	合格□　不合格□ 合格□　不合格□

3.底盘线控制动系统

任务名称	线控制动系统CAN总线信号分析	学　时		班　级	
学生姓名		学生学号		任务成绩	
实训设备、工具及仪器	智能网联汽车台架、工具车、安全防护用品	实训场地		日　期	
任务描述	本任务实施主要是对线控制动系统CAN总线信号分析,通过任务实施、评价及反馈,帮助学生查找问题,理论结合实践,完成任务				
任务目的	分析线控制动系统CAN总线信号				

任务步骤	任务要点	实施记录
任务准备	1.穿工作服,佩戴劳保用品; 2.严禁非专业人员或无教师在场的情况下私自对车辆进行操作; 3.实训场地封闭,消防器材布置合格; 4.实训过程中需要至少两人配合完成	是否完成:是□　否□
工具准备	智能网联汽车、工具车、安全防护用品	
车辆基础检查	1.检查智能网联实训台架是否正常; 2.检查智能网联实训台架是否能够整车上下电	是否完成:是□　否□ 是否完成:是□　否□
实施流程	1.电压分析; 2.CAN总线波形检测; 3.CAN总线数据读取	是否完成:是□　否□ 是否完成:是□　否□ 是否完成:是□　否□
操作完毕	实训设备、工具及资料整理,场地清洁	是否完成:是□　否□
任务总结		

续表

评 价 表							
项　目	评价指标	自　评			互　评		
专业技能	线控制动系统 CAN 总线信号分析	合格☐	不合格☐		合格☐	不合格☐	
	按照任务要求完成作业内容	合格☐	不合格☐		合格☐	不合格☐	
	完整填写工单	合格☐	不合格☐		合格☐	不合格☐	
工作态度	着装规范,符合职业要求	合格☐	不合格☐		合格☐	不合格☐	
	正确查阅相关资料和学习资料	合格☐	不合格☐		合格☐	不合格☐	
	目标明确,独立完成	合格☐	不合格☐		合格☐	不合格☐	
个人反思	完成任务的安全、质量、时间和 5S 要求,是否达到最佳程度,请提出个人改进建议						
教师评价	教师签字:　　　年　月　日	合格☐	不合格☐		合格☐	不合格☐	
		合格☐	不合格☐		合格☐	不合格☐	

评价反思

4.线控转向系统 CAN 总线的检测

任务名称	线控转向系统 CAN 总线的检测	学　时		班　级	
学生姓名		学生学号		任务成绩	
实训设备、工具及仪器	智能网联汽车台架、工具车、安全防护用品	实训场地		日　期	
任务描述	本任务实施主要是对线控转向系统 CAN 总线的检测,通过任务实施、评价及反馈,帮助学生查找问题,理论结合实践,完成任务				
任务目的	线控转向系统 CAN 总线的检测				
任务步骤	任务要点	实施记录			
任务准备	1.穿工作服,佩戴劳保用品; 2.严禁非专业人员或无教师在场的情况下私自对车辆进行操作; 3.实训场地封闭,消防器材布置合格; 4.实训过程中需要至少两人配合完成	是否完成:是□　否□			
工具准备	工具车、安全防护用品				
车辆基础检查	1.检查智能网联线控转向实训台架是否正常; 2.检查智能网联线控转向实训台架是否能够整车上下电	是否完成:是□　否□ 是否完成:是□　否□			
实施流程	1.CAN 总线电气检测; 2.CAN 总线波形检测; 3.CAN 总线数据读取	是否完成:是□　否□ 是否完成:是□　否□ 是否完成:是□　否□			
操作完毕	实训设备、工具及资料整理,场地清洁	是否完成:是□　否□			
任务总结					

续表

评 价 表						
项　目	评价指标	自　评		互　评		
专业技能	线控转向系统 CAN 总线的检测	合格□	不合格□	合格□	不合格□	
	按照任务要求完成作业内容	合格□	不合格□	合格□	不合格□	
	完整填写工单	合格□	不合格□	合格□	不合格□	
工作态度	着装规范，符合职业要求	合格□	不合格□	合格□	不合格□	
	正确查阅相关资料和学习资料	合格□	不合格□	合格□	不合格□	
	目标明确，独立完成	合格□	不合格□	合格□	不合格□	
个人反思	完成任务的安全、质量、时间和 5S 要求，是否达到最佳程度，请提出个人改进建议					
教师评价	教师签字： 　　　年　月　日	合格□	不合格□	合格□	不合格□
		合格□	不合格□	合格□	不合格□

评价反思

5.线控悬架的部件检查

任务名称	线控悬架的部件检查	学　时		班　级	
学生姓名		学生学号		任务成绩	
实训设备、工具及仪器	智能网联汽车台架、工具车、安全防护用品	实训场地		日　期	
任务描述	本任务实施主要是对线控悬架的部件检查,通过任务实施、评价及反馈,帮助学生查找问题,理论结合实践,完成任务				
任务目的	线控悬架的部件检查				

任务步骤	任务要点	实施记录
任务准备	1.穿工作服,佩戴劳保用品; 2.严禁非专业人员或无教师在场的情况下私自对车辆进行操作; 3.实训场地封闭,消防器材布置合格; 4.实训过程中需要至少两人配合完成	是否完成:是□　否□
工具准备	智能网联汽车、工具车、安全防护用品	
车辆基础检查	1.检查智能网联线控悬架实训台架是否正常; 2.检查智能网联线控悬架实训台架是否能够整车上下电	是否完成:是□　否□ 是否完成:是□　否□
实施流程	1.找到线控悬架的各个部件; 2.对各个部件进行检查; 3.标注损坏部件	是否完成:是□　否□ 是否完成:是□　否□ 是否完成:是□　否□
操作完毕	实训设备、工具及资料整理,场地清洁	是否完成:是□　否□
任务总结		

续表

评 价 表						
项　目	评价指标	自　评			互　评	
专业技能	线控悬架的部件检查	合格□	不合格□	合格□	不合格□	
	按照任务要求完成作业内容	合格□	不合格□	合格□	不合格□	
	完整填写工单	合格□	不合格□	合格□	不合格□	
工作态度	着装规范，符合职业要求	合格□	不合格□	合格□	不合格□	
	正确查阅相关资料和学习资料	合格□	不合格□	合格□	不合格□	
	目标明确，独立完成	合格□	不合格□	合格□	不合格□	
个人反思	完成任务的安全、质量、时间和5S要求，是否达到最佳程度，请提出个人改进建议					
教师评价	教师签字：　　年　月　日	合格□	不合格□	合格□	不合格□	
		合格□	不合格□	合格□	不合格□	

评价反思

160

项目六　高级驾驶辅助系统(ADAS)检测

任务一　高级驾驶辅助系统认知

一、任务导入

在现代交通中,安全驾驶变得越来越重要,为了提高驾驶的安全性和便利性,智能网联汽车高级驾驶辅助系统(Advanced Driver Assistance Systems,ADAS)应运而生,它利用传感器、摄像头和其他技术来感知周围环境,为驾驶员提供实时的信息和协助,提高驾驶的安全性、便捷性和舒适性。

二、任务目标

(一)知识目标

(1)了解智能网联汽车高级驾驶辅助系统的定义与组成;

(2)掌握智能网联汽车高级驾驶辅助系统的功能分类;

(3)了解智能网联汽车高级驾驶辅助系统的发展趋势。

(二)技能目标

(1)了解智能网联汽车系统平台的整体架构和各个模块的功能;

(2)掌握智能网联汽车系统平台的基本操作和使用;

(3)了解智能网联汽车平台的通信协议和标准,以及各设备间的互操作性。

(三)素养目标

(1)鼓励学生主动思考问题,积极提出新的观点和想法,培养学生的创新意识;

(2)促进学生在不同学科领域之间建立联系,培养他们跨学科的思考能力;

(3)激发学生的内在学习动机,培养学生主动探索知识、解决问题的能力。

三、任务咨询

(一)高级驾驶辅助系统的定义

高级驾驶辅助系统(ADAS)是一种利用安装在车辆上的摄像头、雷达等传感器，进行环境感知、数据通信、计算决策、控制执行过程，并通过声音、图像、触觉进行提醒/警告或控制，主动避免碰撞或减轻危害，为驾驶员提供辅助和增强驾驶安全性的各类系统总称。

不同的高级辅助驾驶系统可以在不同程度上实现车辆的自动驾驶功能，但仍然需要驾驶员在驾驶过程中保持警觉并随时准备接管控制权。

(二)高级驾驶辅助系统的组成

高级驾驶辅助系统的组成根据其功能及工作原理可分为感知传感器单元、中央计算处理单元和控制执行器单元(见图6-1)，其中感知传感器单元用于感知车辆周围的环境，形同人的眼睛，中央计算处理单元负责接收来自传感器的数据，并进行分析和决策，形同人类大脑，控制执行器单元通过执行器发出警告或采取干预措施，形同人的手脚。

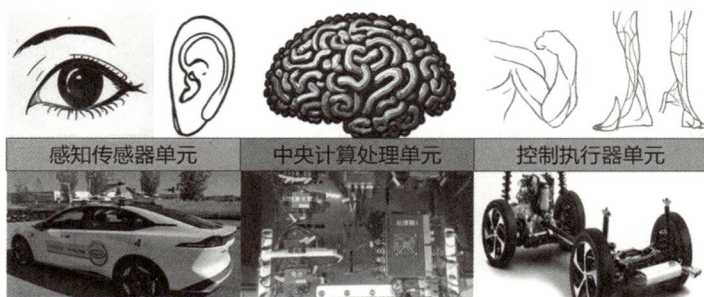

图6-1 高级驾驶辅助系统的组成

1.感知传感器单元

感知传感器单元主要包括摄像头、超声波雷达、毫米波雷达、激光雷达、红外线传感器、惯性测量单元等。感知传感器单元负责收集车辆周围的环境信息，检测车辆周围的障碍物、道路状况、车辆、行人、交通标志及交通信号灯等信息。

2.中央计算处理单元

中央计算处理单元通常使用高性能的处理器和软件算法来实现快速、准确的计算和决策。中央计算处理单元负责处理感知传感器单元收集的数据，利用算法和模型进行分析和判断，识别道路、车辆和行人，并对识别出潜在危险情况做出相应的决策。

3.控制执行器单元

常见的执行器包括油门执行器、刹车执行器、转向执行器等，这些执行器可以是电动、液压或气动的,具体类型取决于车辆的设计和要求。根据中央计算处理单元的决策结果,该单元负责执行相应的控制操作,并将其转化为对车辆的实际控制操作,实现对车辆的速度、方向和刹车等方面的控制。

(三)高级驾驶辅助系统的类型

高级驾驶辅助系统根据环境感知系统的不同可分为自主式和联网式两种。自主式高级驾驶辅助系统主要依靠车辆自身的感知传感器单元等设备来收集和处理数据,以实现各种驾驶辅助功能,不依赖于外部网络或其他车辆的信息。联网式高级驾驶辅助系统则通过车辆与外部网络(如互联网)或其他车辆之间的通信来获取更多的信息和数据,以增强驾驶辅助功能。

根据其提供的功能类型或对驾驶员的作用和干预程度分为信息辅助类和控制辅助类。信息辅助类系统主要提供信息和警告,以帮助驾驶员更好地了解车辆周围的环境和情况,主要目的是增强驾驶员的感知能力,提高驾驶的安全性和便利性。控制辅助类系统则更进一步,直接干预或辅助驾驶员对车辆的控制,自动调整车辆的速度、方向、制动等,以帮助驾驶员更好地管理车辆的运动,其目的是减轻驾驶员的负担,提高驾驶的舒适性和安全性。

常见的高级驾驶辅助系统见表6-1。

表6-1 常见的高级驾驶辅助系统

系统名称	功能简介
前碰撞预防系统 (FCW)	通过雷达或摄像头检测前方车辆的距离、速度和方向,当检测到与前方车辆可能发生碰撞时向驾驶员发出警报
自适应巡航控制系统 (ACC)	通过雷达检测前方车辆的距离、速度和方向,并根据前方车辆的速度和距离自动调整自身车辆的速度,以保持安全的跟车距离
自动紧急制动系统 (AEB)	通过雷达检测车辆前方的行驶环境,当检测到有发生碰撞危险时,自动开启车辆自动系统使车辆减速,避免碰撞或减轻碰撞后果
车道偏离预警系统 (LDWS)	通过摄像头检测车辆前方的车道线,当检测到车辆偏离其车道时,发出警报,提醒驾驶员注意车辆偏离的情况
车道保持辅助系统 (LKA)	通过摄像头检测车辆前方的车道线,当检测到车辆偏离其车道时,执行器则根据控制单元的指令自动调整车辆的方向,以保持车辆在车道内
盲点监测系统 (BSD)	通过摄像头或者雷达实时监测道路上的车辆和车辆两边的移动物体,提醒驾驶者后方安全范围内有无障碍物或来车,从而消除视线盲区
智能泊车辅助系统 (IPA)	在泊车时,通过各种传感器和算法来检测车辆周围的环境,并为驾驶员提供指导,帮助他们更轻松、更准确地停放车辆
驾驶员疲劳监测系统 (DFM)	通过监测驾驶员的面部表情、眼睛运动、头部运动等来判断驾驶员是否疲劳,当驾驶员疲劳时,会发出警报或提示,提醒驾驶员休息

续表

系统名称	功能简介
自适应灯光控制系统 （AFS）	根据传感器收集的行驶环境和路况数据,计算出灯光的最佳角度和亮度,自动调整灯光的角度和亮度,以提高驾驶安全性和便利性
夜视系统 （NVD）	将车辆前方的道路情况以红外线图像的形式显示在驾驶员的显示屏上,使驾驶员能够更清楚地看到道路和障碍物

这些是常见的高级驾驶辅助系统功能,不同的车型和制造商可能会提供不同的功能和特性。随着技术的不断发展,高级驾驶辅助系统的功能也在不断扩展和升级,以实现更高级别的自动驾驶。

(四)高级驾驶辅助系统的发展趋势

智能化:随着人工智能和机器学习技术的不断发展,高级驾驶辅助系统将变得更加智能化,它们将能够更好地理解和适应驾驶员的行为和环境,提供更加个性化的驾驶体验。

集成化:高级驾驶辅助系统将与车辆的其他系统(如导航、娱乐和通信系统)更加紧密地集成在一起,形成一个更加完整和智能化的驾驶环境。

多模态感知:未来的高级驾驶辅助系统将不仅仅依赖于摄像头、雷达和激光雷达等单一的传感器,而是会融合多种传感器的信息,实现更加准确和全面的环境感知。

总之,高级驾驶辅助系统的发展将为驾驶员提供更加安全、便捷和智能化的驾驶体验,同时也将推动自动驾驶技术的不断进步。

四、任务实施

(一)任务描述

收集和整理主流汽车品牌和车型的高级驾驶辅助系统功能搭载信息,分析不同功能在各品牌和车型中的普及程度和差异,对智能网联汽车平台的高级驾驶辅助系统进行认知。

(二)任务步骤

1.准备工作

准备智能网联汽车系统平台的认知实训所需的用品和工具,见表6-2。

表6-2 准备工作

类　别	基本内容
智能网联汽车系统平台	将智能网联汽车乘用车平台停放在实训合适位置
辅助用品	用锥桶、隔离栏隔离出实训区域,将工具车推至实训平台侧边

2.实施流程

乘用车基础平台认知(相对于传统的汽车平台,对一些新的功能部件进行认知),见表6-3。

表6-3 乘用车基础平台

部件名称	图 示	功能简介
安全标识、高压注意事项		新能源汽车上部分零部件存在影响人身安全的可能,此类零部件上有警示标识,在使用过程中严禁触碰这类零部件,否则有触电危险
NFC钥匙		通过刷卡即可实现车辆的解锁和闭锁
电源插座		前排电源插座提供12 V直流电源,用电器功率不大于120 W
手机无线充电		无线充电功能的手机或连接无线充电贴片的手机进行充电,输出功率结合手机的接收功率节能型适配,其最大输出功率为15 W,手机的充电速率受手机的接收功率、手机到充电板距离等因素的影响

续表

部件名称	图　示	功能简介
电子换挡		可通过方向盘右侧的换挡手柄切换 R、N、D 挡，或通过按压换挡手柄右侧的 P 挡按键切换为 P 挡。换挡成功，仪表显示对应的挡位，车辆进入相应挡位。换挡失败，系统会进行声音和文字提示，车辆将维持当前挡位
驾驶模式选择		驾驶模式包含以下三种：舒适模式、运动模式和自定义模式，用户可以在中控显示屏的"驾驶模式"选项中进行不同驾驶模式的选择及设置
情景模式		通过中控显示屏顶端单指下滑展开"应用中心"，点击"情景模式"即可进入情景模式界面
充放电	 1—快充插座密封盖；2—慢充插座密封盖；3—充电口盖	慢充包括交流桩充、交流家充两和方式。 交流桩充：使用特定的交流充电设备对车辆充电的方式。交流家充：使用家用 220 V/16 A 插座对车辆充电的方式。 快充又称直流桩充，是使用特定的直流充电设备快速地对车辆充电的方式
车外放电	 1—放电枪；2—放电开关； 3—放电插排；4—放电指示灯	车辆上电并将挡位切换为 P 挡，连接放电枪，车辆会对外提供电能输出，满足用户使用 220 V 交流电源的需求。 当动力电池电量过低时，车辆将自动停止放电
集成式自适应巡航系统（IACC）		IACC 融合了自适应巡航控制系统使用的雷达及车道偏离预警系统使用的摄像头，对前方车辆和车道线进行探测，通过控制车速，保持车辆以设定的巡航速度行驶或与前车保持预先设定的跟车时距行驶，同时通过控制转向实现车辆在车道内行驶。 激活 IACC：换挡手柄快速连续下拨两次。 取消 IACC：换挡手柄向上拨动即可取消

续表

部件名称	图　示	功能简介
语音助手		可通过用户语音命令实现车辆控制,您可以通过"你好,深蓝"唤醒语音助手,开启车内语音体验
拖车模式		在中控显示屏中点击"设置-安全与维护-拖车模式",设置拖车模式的开启和关闭。拖车模式开启后车辆挡位将由 P 挡变为 N 挡,电子手刹将被释放,为防止车辆溜坡,请在平坦无陡坡地面开启拖车模式

智能网联汽车实训平台认知,见表 6-4。

表 6-4　实训平台

部件名称	图　示	功能简介
实训平台保险盒		实训平台各控制单元的保险分配
整车改制电路和实物		车载蓄电池输出电源给电源管理模块,电源管理模块输出各个传感器或设备所需要使用的电源。整车配有两个处理器,两个处理器共用一个显示器。整车配有三个激光雷达传感器,都通过以太网总线传递数据
Wireshark 应用		网络监控传感器所连接的网络端口的以太网数据,捕获和分析这些网络通信的数据包
C32 激光雷达应用		激光雷达点云数据包解析、数据集制作及可视化

续表

部件名称	图　示	功能简介
毫米波雷达应用		车载毫米波雷达的电路连接、数据读取,以及调试软件参数设置
组合导航配置		
路由器配置		
远程控制		米文远程控制系统的基本认知及基本设置
底盘 CAN 通讯		底盘 CAN 通讯上位机操作及数据读取
IVSysMan 软件介绍		车竞赛实训平台的功能开关集成于 IVSysMan,主要包含 6 大模块,分别为 Driver、Detection、Fusion、Control、Tool 和和 Info

3.恢复整理

表 6-5　恢复整理

类　别	基本内容
实训设备维护和检查	检查智能网联汽车系统平台实训设备的状态,包括车辆、工具、仪器等
实训设备及资料整理	智能网联汽车系统平台下电并锁定,车辆钥匙及相关资料存放在适当的位置
实训场地清洁和整理	对实训场地进行清扫,确保地面干净整洁,没有杂物和垃圾
实训场地安全检查	检查实训场地的安全设施,如防火设备、紧急出口等,确保其正常运行

4.任务评价

表 6－6 实训课程项目考核标准

考核内容	评价标准	分 值
出勤情况	全勤满分	10
	迟到早退扣 5 分,旷课扣 100 分	
学习态度	课堂纪律好,学习态度端正,认真好学,积极主动	20
	其他情况,视实际表现酌情减、扣分	
设备工具	按照项目规程规范、熟练使用设备、工具,使用完毕后及时清理归位	20
	其他情况,视实际表现酌情减、扣分	
实际操作	在规定时间内,按照操作规程完成项目且结果准确	30
	其他情况,视实际表现酌情减、扣分	
实训报告	按时、准确完成全部作业,且有独到见解	20
	其他情况,视实际表现酌情减、扣分	

五、任务小结

通过本次任务,我们对汽车高级驾驶辅助系统有了较为系统和清晰的认知,明确了其包括感知传感器单元、中央计算处理单元、控制执行器单元等重要组成部分。通过完成本次网络统计任务,我们发现汽车高级驾驶辅助系统类型多样,功能强大,能够极大地提高汽车的智能化水平。

任务二　自适应巡航控制(ACC)系统检测

一、任务导入

在长途旅行自驾游或开车在高速公路的途中,经常会因长时间驾驶,致使驾驶员精神长时间高度集中,产生疲劳、困倦等现象。这长时间的行驶,或对前方出现的车辆反应不够及时就容易造成车祸隐患。

此时如果车辆可以在当前道路上自行行驶,或根据前方出现的车辆及时调整车速以及前车距离,这样一是可以减轻驾驶员疲劳,二是可以防止交通事故的发生,提高驾驶员和乘客的安全性。具备这样功能的系统就是自适应巡航控制系统。

二、任务目标

(一)知识目标

(1)掌握自适应巡航控制(ACC)系统的定义与组成;

(2)掌握自适应巡航控制(ACC)系统的工作原理;

(3)掌握自适应巡航控制(ACC)系统的功能检查方法。

(二)技能目标

(1)了解智能网联汽车系统平台的整体架构和各个模块的功能;

(2)掌握智能网联汽车系统平台的基本操作和使用;

(3)了解智能网联汽车平台的通信协议和标准,以及各设备间的互操作性。

(三)素养目标

(1)鼓励学生主动思考问题,积极提出新的观点和想法,培养学生的创新意识;

(2)促进学生在不同学科领域之间建立联系,培养他们跨学科的思考能力;

(3)激发学生的内在学习动机,培养学生主动探索知识、解决问题的能力。

三、任务咨询

(一)自适应巡航控制(ACC)系统的定义

自适应巡航控制系统(Adaptive Cruise Control,ACC),又可称为智能巡航控制系统,是基于普通的巡航定速系统延伸发展而成的,除了可以和定速巡航一样,设定既定车速,让汽车在道路上自适应行驶外,还对汽车进行了升级,是传统巡航功能的升级版,是在定速巡航控制系统(Craise Contrd System,CCS)基础上发展起来的一种智能化自动控制系统。ACC功能作为辅助驾驶纵向控制的基础功能,是通往自动驾驶的基础控制。ACC作为高级驾驶辅助系统(ADAS)的一种,新一代汽车先进驾驶辅助系统之一,是将来自动驾驶功能的过渡配置之一。该系统也被称为主动巡航系统,相对于定速巡航,ACC不仅可以让车辆保持一定行驶速度,还能根据与前车的距离自动调节车速,以保证与前车的最佳安全距离。

在车辆行驶过程中通过车载雷达等车距传感器监测汽车前方的道路交通环境,持续扫描车辆前方道路,同时轮速传感器采集车速信号。一旦发现当前行驶车道的前方有其他前行车辆,将根据本车和前车之间的相对距离及相对速度等信息,对车辆进行纵向速度控制,当与前车之间的距离过小时,ACC控制单元可以通过与制动防抱死系统、发动机控制系统协调动作,使车轮适当制动,并使发动机的输出功率下降,通过主动调整汽车行驶速度,自动减速、加速、更改跟踪目标等操作,它能够根据前车情况自动控制车距和车速,以使车辆与前方车辆始终保持安全距离,避免追尾事故发生,如图6-2所示。

自适应系统是一个允许车辆巡航控制系统通过调整速度以适应交通状况的汽车功能。一般可以在 40~150 km/h 内进行车速设定,而因雷达性能不同,其工作范围一般为 120~200 m。因此驾驶员可以针对路况设定一个合理的跟车车距和巡航速度,当前方车辆出现突发性减速造成实际车距小于等于预设跟车车距时,自适应系统的控制电脑会及时通过车轮制动和调节发动机输出功率的方式使车速下降,并保持预设车距和前车以相同的速度行驶,当前车车速上升时,控制电脑将会自动将车速匀速提升至预设车速,使车辆重新回到巡航状态。

通过前置摄像头和雷达，自动调整跟车车速

图 6-2 自适应巡航控制系统

(二)自适应巡航控制(ACC)系统的组成

自适应巡航控制系统(ACC)作为一种重要的汽车电子产品,由传感器、数字信号处理器以及控制模块三大部分组成,信号处理器负责将传感器接收到的信息进行数字处理,最后由控制模块处理收集到的信息进行控制。 系统判断需要减速时,最终由ABS系统对车轮实施制动或者变速箱采用降挡的办法,将车速降低。自适应巡航控制系统主要由测距传感器、控制器 ECU 、发动机管理控制器、电子节气门执行器、制动执行器(例如 ABS/ESP 等)等部分组成。

燃油汽车主要由信息感知、电子控制、执行单元、人机界面等组成。

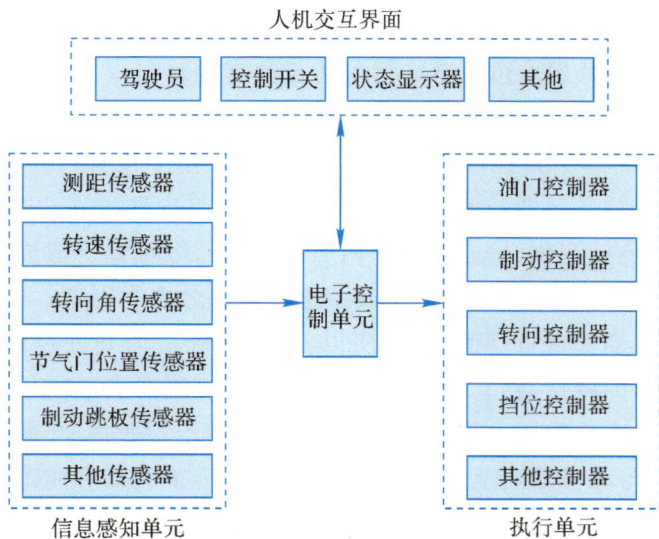

图 6-3 燃油车自适应巡航控制系统组成

人机交互界面

| 驾驶员 | 控制开关 | 状态显示器 | 其他 |

测距传感器
转速传感器
转向角传感器
其他传感器

信息感知单元

电子控制单元

电动机控制器
制动控制器
再生制动控制器
转向控制器
其他控制器

执行单元

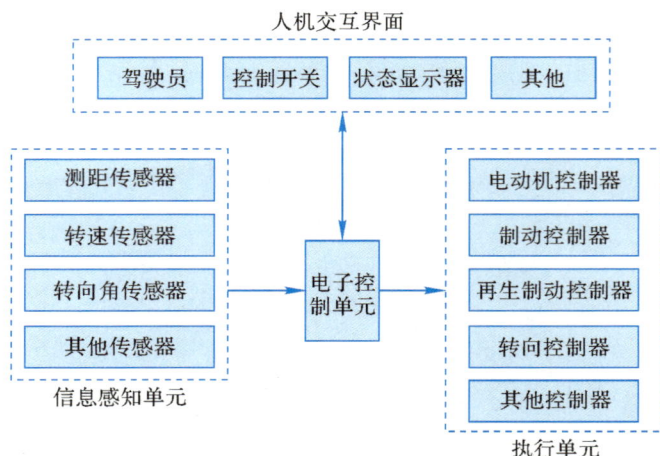

图 6-4 电动车自适应巡航控制系统组成

1. 信息感知单元

信息感知单元(传感器)用于感知本车状态及行车环境等信息,如果用人类做比喻,传感器就类似于眼睛、耳朵、鼻子等器官,它负责感知前车以及本车确切位置,主要用于向电子控制单元(ECU)提供 ACC 所需要的各种信息,包括车间距离、车速信号、汽车转角信号、节气门位置信号等。它包括测距传感器、转速传感器、转向角传感器、节气门位置传感器、制动踏板传感器等。环境感知由毫米波雷达和摄像头等组成,通过数据融合,感知周边障碍物信息,如相对速度、纵向距离、横向距离、目标加速度以及置信率等。测距传感器用来获取车间距离信号,一般使用激光雷达或毫米波雷达;转速传感器用于获取实时车速信号,一般使用霍尔式转速传感器;转向角传感器用于获取汽车转向信号,用来判断汽车行驶的方向;节气门位置传感器用于获取节气门开度信号;制动踏板传感器用于获取制动踏板动作信号;在前后车轮上装有轮速传感器(与 ABS 系统共用),可以感知汽车的行驶速度。

目前市场上常见的传感器种类,有雷达传感器、红外光束传感器以及视频摄像头等几种,ACC 一般都基于雷达或激光技术,现在可以基于视觉/相机技术,ACC 系统的关键技术就是雷达传感器技术。品牌、车型不同,其安装位置也不同,常见的安装位置有车标后、保险杠两侧、下方以及车内后视镜背后等位置。造成这些差异的原因主要是各种传感器工作原理不同,当然其中也包含部分成本因素。

由于每种传感器都有自己的弱点,所以目前在 ACC 的开发过程中,研发人员便会根据各种传感器的特点,将它们组合应用,共同为控制器 ECU 提供信息。例如,雷达对于垂直方向上重叠物体的判断能力较弱。在实际驾驶中,当车辆行驶到立交桥附近时,如果前方与盘桥匝道上同时出现车辆,雷达传感器很可能出现误判。而当前方路面出现金属标识牌甚至是金属废弃物时,雷达传感器也很有可能产生误判。所以为了降低误判的可能,越来越多的自适应巡航系统采用两种传感器方式来采集汽车的周边环境信息。

2.电子控制单元(控制器 ECU)

ACC 控制器(控制单元 ECU),是 ACC 系统的中央处理器,是系统的核心单元核心部分。控制决策是根据感知信息,决策所需要的控制指令。它负责将各个传感器送来的信号/数据(包括相对距离、相对速度)进行处理,然后按照控制算法进行计算,用于对行车信息进行处理,最后形成指令,控制作动器工作。ACC 控制器实时地与发动机控制单元和制动防抱死控制单元交换数据,确定车辆的控制命令,对发动机和制动系统的状态进行控制。ECU 根据驾驶员所设定的巡航安全距离以及巡航车速,结合信息感知单元传送来的信息确定当前车辆的行驶状态,决策出车辆的控制作用,发出对车辆的控制指令,并输出给执行单元。当与前车之间的距离过小时,ACC 控制单元可以通过与制动防抱死系统、发动机控制系统协调动作,使车轮适当制动,并使发动机的输出功率下降,以使本车与前方车辆始终保持安全距离。例如当两车间的距离小于设定的安全距离时,ECU 计算实际车距和安全车距之比及相对速度的大小,选择减速方式,同时通过报警器向驾驶员发出报警,提醒驾驶员采取相应的措施。

它主要包含目标车头距计算,决定与前车的距离;车头距控制器,它计算获得目标车头距的车速、加速度命令;车速控制器,它决定制动作动器和节气门作动器的工作。

通过车距传感器的反馈信号,ACC 控制单元可以根据靠近车辆物体的移动速度判断道路情况,并控制车辆的行驶状态。

3.执行单元

底层执行部分包括驱动和制动系统,根据控制指令协同控制车辆的行驶;执行单元(机构),在接收到控制指令后执行电子控制单元发出的指令,对车辆实施加减速、定速控制,用于实现车辆加、减速。它主要由制动踏板、加速踏板及车辆传动系控制执行器等组成,包括油门控制器、制动控制器、挡位控制器和转向控制器等,油门控制器用于调整节气门的开度,使车辆作加速、减速及定速行驶;制动控制器用于紧急情况下的制动;挡位控制器用于控制车辆变速器的挡位;转向控制器用于控制车辆的行驶方向。

4.人机交互界面

人机交互是根据不同驾驶员的驾驶需求调节所需的巡航车速或安全车距的。人机交互主要用来控制 ACC 的开关以及模式的设置(安全距离以巡航车速),用于驾驶员设定系统参数及系统状态信息的显示等。驾驶员可通过设置在仪表盘或转向盘上的人机界面启动或清除 ACC 系统控制指令。启动 ACC 系统时,要设定当前车辆在巡航状态下的车速和与目标车辆间的安全距离,否则 ACC 系统将自动设置为默认值,但所设定的安全距离不可小于设定车速下交通法规所规定的安全距离。

（三）自适应巡航控制（ACC）系统的工作原理

通过在汽车前端安装雷达持续扫描车辆前方道路，且同时采集轮速传感器测得的汽车车轮速度来计算汽车行驶速度，在汽车过于靠近前方车辆时，自适应巡航控制单元还可以通过控制制动防抱死系统、发动机控制系统等，使汽车车轮适当制动，并使发动机功率下降，从而与前方车辆保持一定的安全距离。

自适应巡航功能主要包括雷达传感器、超声波测距传感器、红外测距传感器、数字信号处理器及控制模块，在自适应巡航功能工作时，通过低功率的雷达或红外线光束等多传感器融合来测量前方车辆的确切位置，如果发现前方车辆减速或检测到新的目标，自动巡航系统就会给发动机或者制动器传递降速的信号，从而让汽车和前方车辆实现安全距离下的跟车行驶。在前方没有汽车或前方汽车变道后，自适应巡航系统会让汽车根据设定车速安全行驶，而且雷达会不断测定前方目标，根据实际路况对车辆速度进行调整。

ACC功能主要利用了雷达技术，通过毫米波雷达，发射毫米波段的电磁波，利用障碍物反射波的时间差确定障碍物距离，利用反射波的频率偏移确定相对速度。雷达传感器探测主车前方的目标车辆，并向电控单元提供主车与目标车辆间的相对速度、相对距离、相对方位角度等信息。电控单元根据驾驶员所设定的安全车距及巡航行驶速度，结合雷达传送来的信息确定主车的行驶状态。当本车前方无行驶车辆时，本车将处于普通的巡航行驶状态，电控单元根据设定信息，可通过控制电子油门（发出指令给驱动电机，并由驱动电机控制节气门的开度，以调整可燃混合气的流量）对整个车辆的动力输出实现自动控制功能；当本车前方有目标车辆，且目标车辆的行驶速度小于设定速度时，电控单元计算实车距和安全车距之比及相对速度的大小，选择减速方式，同时通过报警器向驾驶员发出警报，提醒驾驶员采取相应的措施；当与前车之间的距离过小时，ACC控制单元可以通过与制动防抱死系统、发动机控制系统协调动作，使车轮适当制动，并使发动机的输出功率下降，以使车辆与前方车辆始终保持安全距离。

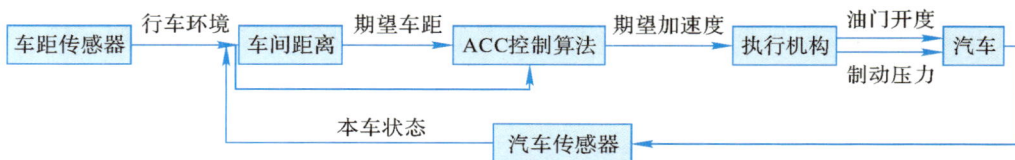

图6-5　燃油车自适应巡航控制系统的工作原理

图6-6　电动车自适应巡航控制系统的工作原理

当车辆前方没有行驶中的汽车时，车辆按设置车速行驶；当前方有行驶中的车辆时，车辆会根据前方车辆的速度进行加速或减速，以保持与前方车辆的安全距离。

前方有车(加速、减速)设置车距　　　　前方无车　设置车速

图 6-7　自适应巡航控制系统的工作过程

自适应巡航控制系统的工作示意图如图 6-8 所示，共有 4 种典型的操作，即巡航控制、减速控制、跟随控制和加速控制。图中假设当前车辆设定车速为 100 km/h，目标车辆行驶速度为 80 km/h。

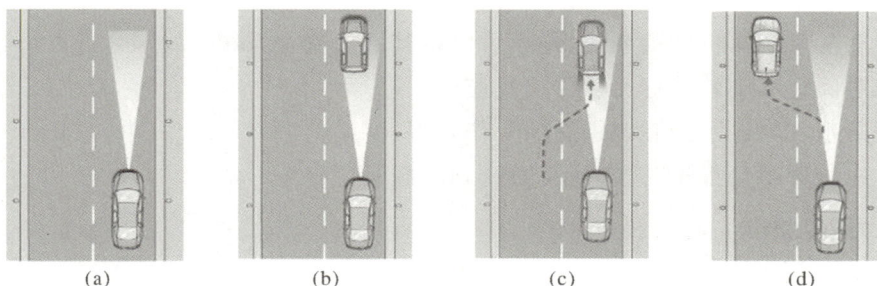

(a)　　　　　　(b)　　　　　　(c)　　　　　　(d)

图 6-8　自适应巡航控制系统的工作示意图

(a)巡航；(b)减速；(c)跟随；(d)加速

自适应巡航控制系统一般在车速大于 25 km/h 时才会起作用，而当车速降低到 25 km/h 以下时，就需要驾驶人进行人工控制。

自适应巡航控制系统可以使汽车在非常低的车速时也能与前车保持设定的距离。在前方车辆起步后，自适应巡航控制系统会提醒驾驶人，驾驶人通过踩加速踏板或按下按钮发出信号，车辆就可以起步行驶，自适应巡航控制系统还可以使车辆的编队行驶更加轻松。

四、任务实施

(一)自适应巡航控制(ACC)系统的功能检查

1. 工作条件

(1)该功能处于开启状态。

(2)行驶车速≥30 km/h启动(0~200 km/h)。

(3)车门关闭、安全带系紧。

(4)挡位未在N挡或驻车挡。

(5)没有踩刹车。

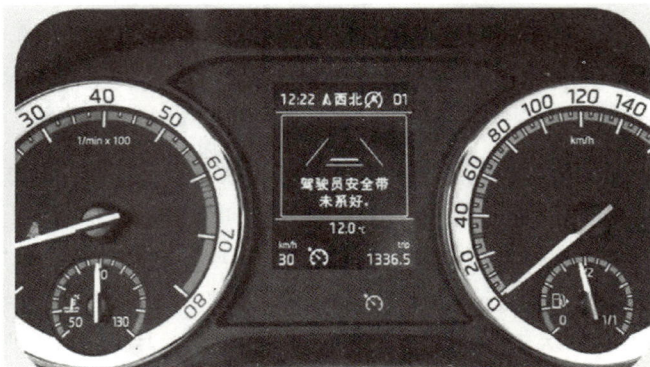

图6-9　自适应巡航控制系统的控制界面

2.功能限制

(1)它是一个司机辅助系统,绝不可以将其看成安全系统。

(2)对固定不动的目标无法作出反应。

(3)雨水、雪、泥水会影响雷达的工作效果。

(4)在转弯半径很小时,雷达视野受到限制。

(二)恢复整理

恢复整理见表6-7。

表6-7　恢复整理

类　别	基本内容
实训设备维护和检查	检查智能网联汽车系统平台实训设备的状态,包括车辆、工具、仪器等
实训设备及资料整理	智能网联汽车系统平台下电并锁定,车辆钥匙及相关资料存放在适当的位置
实训场地清洁和整理	对实训场地进行清扫,确保地面干净整洁,没有杂物和垃圾
实训场地安全检查	检查实训场地的安全设施,如防火设备、紧急出口等,确保其正常运行

(三)任务拓展

ACC能够使车辆与前车保持有效的安全距离,避免发生碰撞,同时也需要我们所有的交通参与者遵守交通规则,文明行车,这样才能使ACC的功能得到最大限度发挥。

五、任务小结

自适应巡航控制系统功能检查主要分为四个步骤:

(1)车辆是否能正常启动。

（2）ACC 相关按键检查。

（3）ACC 功能检查。

（4）关闭车辆。

其中按键检查主要检查与 ACC 设置相关的所有按键，包括 ACC 开关、车速设定、车距设定等按键。功能检查主要检查 ACC 设置内容，检查是否可以正常设置操作。如果部分内容无法正常设置，需关闭点火开关，静止 3 min 后重新启动车辆进行设置。

任务三 自动紧急制动（AEB）系统检测

一、任务导入

随着主动安全技术的不断发展，自动紧急制动 AEB 对行车安全的提升有显著效果，美国公路安全保险协会研究发现 90% 的交通事故是由于驾驶员的注意力不集中而引起的，装备了 AEB 的车辆可以减少 27% 的事故发生率，其中追尾减少率为 38%，并能明显减少事故伤亡。随着现实需求带来的汽车安全技术的发展，汽车自动紧急制动系统 AEB 越来越多地应用到车辆上，并已得到大量应用。近些年在保险业、汽车安全组织和政府的共同推动下，AEB 成为了越来越多车型的标配，各家车厂都积极发展、配备到近几年出厂的新车上，纷纷将 AEB 功能等作为新车上市的重要卖点之一。随着自动驾驶的发展，AEB 可能还会向着更高性能发展。

二、任务目标

（一）知识目标

（1）掌握自动紧急制动（AEB）系统的定义与组成；

（2）掌握自动紧急制动（AEB）系统的工作原理；

（3）掌握自动紧急制动（AEB）系统的功能检查方法。

（二）技能目标

（1）了解智能网联汽车系统平台的整体架构和各个模块的功能；

（2）掌握智能网联汽车系统平台的基本操作和使用；

（3）了解智能网联汽车平台的通信协议和标准，以及各设备间的互操作性。

（三）素养目标

（1）鼓励学生主动思考问题，积极提出新的观点和想法，培养学生的创新意识；

（2）促进学生在不同学科领域之间建立联系，培养他们跨学科的思考能力；

（3）激发学生的内在学习动机，培养学生主动探索知识、解决问题的能力。

三、任务咨询

（一）自动紧急制动（AEB）系统的定义

自动紧急制动（Autonomous Emergency Braking，AEB）系统是一个辅助刹车的电子系统，是一种汽车主动安全技术。AEB系统是协助驾驶员进行紧急刹车的主动安全配备装置，是指车辆在非自适应巡航的情况下正常行驶，如车辆遇到突发危险情况或与前车及行人距离小于安全距离时主动进行刹车（并不一定能够将车辆完全刹停），避免或减少追尾等碰撞事故的发生，从而提高行车安全性的一种技术。

AEB从工作原理上讲，就是一个感知—运算—执行的闭环循环过程，基于环境感知传感器（如：毫米波雷达或视觉摄像头等）感知前方可能与车辆、行人或其他交通参与者所发生的碰撞风险，并通过系统自动触发执行机构（如：电子稳定程序ESP）来实施制动，以避免碰撞或减轻碰撞程度；从汽车工程学上讲，就是基于车内传感器各种监测，配合系统控制器控制，与之配套的运行软件和算法组成的综合型电子控制系统。

AEB是一种预防性的主动安全技术，也是作为ADAS的一项应用而开发的，可自动探测前方障碍物、判断碰撞风险，必要时发出报警及自动实施制动，旨在事先识别碰撞风险，完全规避碰撞发生或尽最大可能地减轻碰撞的强度，从而避免车辆追尾，或与行人及其他交通参与者发生碰撞事故。AEB弥补了人和车的弱点，变被动为主动，变人动为自动，从根本上扼制了车祸事故的发生，把驾车的安全性提高到一个空前的高度，实现了真正意义上的主动安全。

图6-10　自动紧急制动系统

（二）自动紧急制动（AEB）系统的组成

自动紧急制动系统主要由行车环境信息采集单元（传感器）、电子控制单元（中央处理器）和执行单元（执行机构）三部分组成，包含报警与紧急制动两大系统，主要由测距模块、数据分析模块和执行机构模块三大模块构成。AEB系统还可看成由两个系统组成，包括车辆碰撞迫近制动系统（CIB）和动态制动支持系统（DBS），其中CIB系统会在追尾以及驾驶员未采取任何行动的情况下，会紧急制动车辆，而DBS在驾驶员没有施加足够的制动行动时，会给予帮助避免碰撞，自动紧急制动系统的组成能对前方车辆、自行车、行人预警，能对前方动态、静态车辆实施主动制动处理。自动紧急制动系统的组成如图6-11所示。

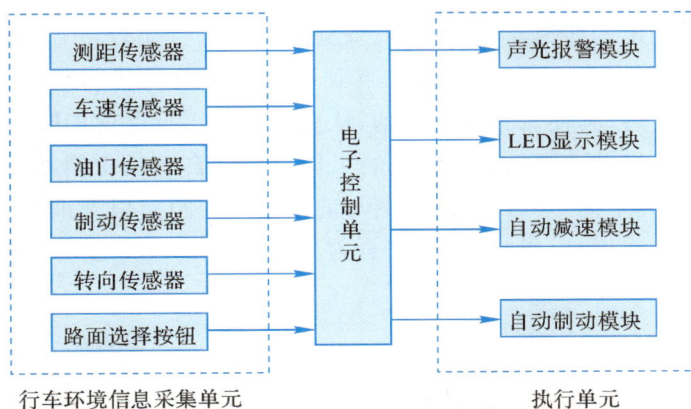

图6-11 自动紧急制动系统的组成

1. 行车环境信息采集单元

行车环境信息采集单元由测距传感器、车速传感器、油门传感器、制动传感器、转向传感器以及路面选择按钮等组成，对行车环境进行实时检测，得到相关行车信息。测距传感器用来检测本车与前方目标的相对距离和相对速度，目前，自动紧急制动系统常见的测距技术主要利用毫米波雷达、视觉传感器以及二者的融合；车速传感器用来检测本车的速度；油门传感器用来检测驾驶员在收到系统提醒预警后是否及时松开油门，对本车实行减速措施；制动传感器用来检测驾驶员是否踩下制动踏板，对本车实施制动措施；转向传感器用来检测车辆目前是否正处于弯道路面上行驶或处于超车状态，系统凭此来判断是否需要进行预警抑制；路面选择按钮是为了方便驾驶员对路面状况信息进行选择，从而方便系统对预警距离的计算。需要采集的信息因系统不同而不同，所有采集到的信息都将被送往电子控制单元。

2. 电子控制单元

电子控制单元接收行车环境信息采集单元的检测信号后，综合收集到的数据信息，依照一定的算法程序对车辆行驶状况进行分析计算，判断车辆所适用的预警状态模型，同时对执行单元发出控制指令。

3. 执行单元

执行单元可以由多个模块组成，如声光预警模块、LED显示模块、自动减速模块和自动制动模块等，根据系统不同而不同。它用来接收电子控制单元发出的指令，并执行相应的动作,达到预期的预警效果,实现相应的车辆制动功能。当系统检测到存在危险状况时,首先进行声光预警,提醒驾驶员;在系统发出预警之后,如果驾驶员没有松开油门,则系统会发出自动减速控制指令;在减速之后系统检测到危险仍然存在时,说明目前车辆行驶处于极度危险的状况,需要对车辆实施自动强制制动。

(三)自动紧急制动(AEB)系统的工作原理

汽车自动紧急制动系统采用测距传感器测出与前车或障碍物的距离,然后利用电子控制单元将测出的距离与预警距离、安全距离等进行比较,小于预警距离时就进行预警提示,而小于安全距离时,即使在驾驶员没来得及踩制动踏板的情况下,自动紧急制动系统也会启动,使汽车自动制动,从而为安全出行保驾护航。

图 6-12 所示为自动紧急制动系统的工作过程。自动紧急制动系统从传感器探测到前方车辆(目标车辆)开始,持续监测与前车之间的距离以及前车的车速,同时从总线获取本车的车速信息,通过运算,结合普通驾驶员的反应能力,判断当前形势并做出合适的应对。

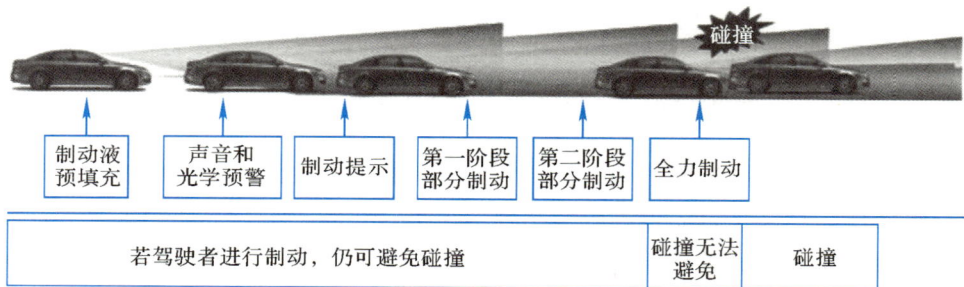

图 6-12 自动紧急制动系统的工作过程

汽车自动紧急制动(AEB)系统采用测距传感器测出与前车或障碍物的距离,然后利用电子控制单元将测出的距离与报警距离、安全距离等进行比较,小于报警距离时就进行报警提示,而小于安全距离时,即使在驾驶员没来得及踩制动踏板的情况下,AEB 系统也会启动,使汽车自动制动,从而为安全出行保驾护航。

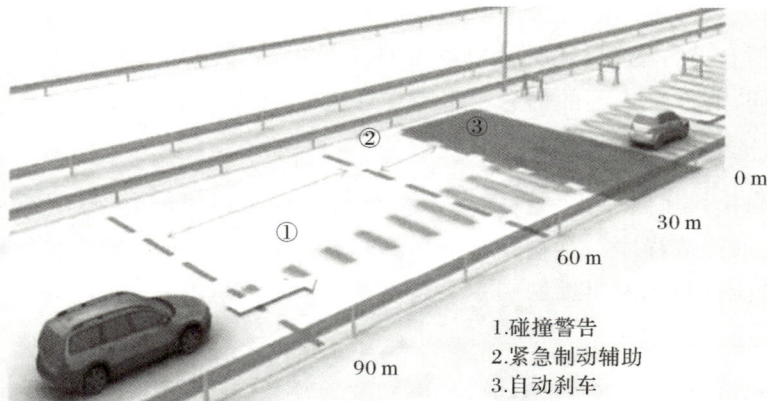

图 6-13 自动紧急制动系统的工作示意图

（四）自动紧急制动（AEB)系统的要求

自动紧急制动（AEB)系统的要求包括技术要求、性能要求、系统失效后的警告信号要求、驾驶员干预性能要求、相邻车道车辆制动误响应性能要求以及车道内铁板误响应性能要求。

1.技术要求

自动紧急制动系统具有以下技术要求。

（1）AEB系统应能向驾驶员提供以下合适的预警及警告信号：在AEB系统检测到可能与在前方同一车道以较低车速行驶、减速行驶或静止的车辆发生碰撞时，应发出碰撞预警信号；在AEB系统可能发生失效时，应发出失效警告信号；AEB系统自检或发生电子电气故障时不应出现明显的延迟；对安装有AEB系统手动功能关闭装置的车辆，应在AEB系统手动功能关闭时发出功能关闭警告。

（2）碰撞预警信号应采用声学、触觉及光学信号中的至少两种。

（3）车辆制造商应在试验时对预警、警告信号指示方式及向驾驶员警告的顺序进行说明，并在试验报告中予以记录。

（4）如果采用光学信号作为碰撞预警信号之一，可采用闪烁的碰撞预警信号；碰撞预警信号应采用常亮的黄色预警信号，可用文字或图形表示。

（5）当点火（启动）开关处于"ON"（运行）状态或点火（启动）开关处于"ON"（运行）和"启动"之间制造商指定用作检查的位置时，每个光学警告信号都应启动点亮。该要求不适用于在共用空间显示的警告信号。共用空间是指可以不同步地显示两种或多种信息功能（如标志）的区域。

（6）光学警告信号即使在白天也应清晰可见，便于驾驶员在正常的驾驶位置查看信号状态是否符合要求。

2.性能要求

自动紧急制动系统具有以下性能要求。

（1）AEB系统除按照规定关闭无法工作以外，在所有车辆载荷状态下都至少应在15 km/h至AEB系统最高工作车速之间正常运行。

（2）对静止目标条件下的预警和启动进行试验，碰撞预警模式的时间设定应符合下列规定：被试车辆最迟应在紧急制动阶段开始前1 s以声学、触觉及光学至少两种模式预警；预警阶段的速度下降不应超过15 km/h或被试车辆速度下降总额的30％，取较高者。

（3）对移动目标条件下的预警和启动进行试验，碰撞预警模式的时间设定应符合下列规定：被试车辆最迟应在紧急制动阶段开始前1 s以声学、触觉及光学至少两种模式预警；预警阶段的速度下降不应超过15 km/h或被试车辆速度下降总额的30％，取较高者。

(4)对制动目标条件下的预警和启动进行试验,碰撞预警模式的时间设定应符合下列规定:被试车辆最迟应在紧急制动阶段开始前 1 s 以声学、触觉及光学至少两种模式预警;预警阶段的速度下降不应超过 15 km/h 或被试车辆速度下降总额的 30%,取较高者。

3. 系统失效后的警告信号要求

按失效检测进行试验,符合《汽车操纵件、指示器及信号装置的标志》(GB4094—2016)规定的常亮的光学警告信号最迟应在车辆以大于 15 km/h 的车速行驶 10 s 时启动,并且只要模拟的失效仍然存在,车辆在静止状态下关闭点火开关又重新打开后,失效警告信号应立即重新点亮。

4. 驾驶员干预性能要求

自动紧急制动系统具有以下驾驶员干预性能要求。

(1)AEB 系统可允许驾驶员中断预警。

(2)AEB 系统应保证驾驶员能够中断紧急制动。

(3)上述两种情形均可通过表明驾驶员意识到紧急状态的主动动作(例如,踩下加速踏板、打开转向灯及车辆制造商规定的其他方式)中断。

(4)安装 AEB 系统功能关闭控制装置应满足的要求:AEB 系统功能关闭以后应在车辆再次启动时自动恢复;AEB 系统功能关闭以后应采用常亮的光学预警信号向驾驶人预警,可采用规定的黄色报警信号。

5. 相邻车道车辆制动误响应性能要求

按相邻车道车辆制动误响应进行试验,AEB 系统不应发出碰撞预警,也不应启动紧急制动功能。

6. 车道内铁板误响应性能

按车道内铁板误响应进行试验,AEB 系统不应发出碰撞预警,也不应启动紧急制动功能。

四、任务实施

(一)自动紧急制动(AEB)系统的功能检查

1. 工作条件

(1)功能处于开启状态。

(2)系好安全带。

(3)行驶车速在一定范围内。

(4)未踩下制动踏板,未打转向灯。

(5)无功能相关故障。

自动紧急制动系统的工作条件如图6-14所示。

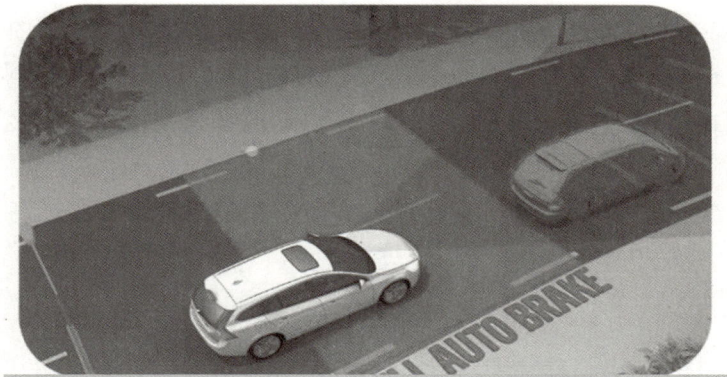

图6-14 自动紧急制动系统的工作条件

2.功能限制

(1)低附着系数路面。

(2)上下坡路面、弯路行驶中。

(3)超过标定载荷造成车辆状态变化。

自动紧急制动系统的功能限制如图6-45所示。

图6-15 自动紧急制动系统的功能限制

(二)恢复整理

恢复整理见表6-8。

表6-8 恢复整理

类　别	基本内容
实训设备维护和检查	检查智能网联汽车系统平台实训设备的状态,包括车辆、工具、仪器等
实训设备及资料整理	智能网联汽车系统平台下电并锁定,车辆钥匙及相关资料存放在适当的位置
实训场地清洁和整理	对实训场地进行清扫,确保地面干净整洁,没有杂物和垃圾
实训场地安全检查	检查实训场地的安全设施,如防火设备、紧急出口等,确保其正常运行

(三)任务拓展

中国民族品牌,造车新势力蔚来的 ES8 车型带有 AEB 功能。AEB 系统在前车静止、前车慢行、前车制动、转弯对象来车场景都能有效发挥作用,避免事故的发生。针对前方车辆目标,自动紧急制动(AEB)功能启动的车速范围由此前的 8~85 km/h 调整为 8~130 km/h,起作用的速度范围进一步扩大,说明其 AEB 系统的精准度以及算法已非常先进,引领着国产汽车品牌的先进驾驶辅助技术不断提高。

图 6 - 16 蔚来 ES8 自动紧急制动系统

五、任务小结

自动紧急制动系统功能检查主要分为四个步骤:

(1)车辆是否能正常启动。

(2)与 AEB 功能相关的按键检查。

(3)AEB 功能检查。

(4)车辆能否正常工作。

其中功能检查主要检查与 AEB 功能相关的设置内容。如果 AEB 相关按键形式为触摸控制,请注意保持手指与屏幕之间相对清洁与干燥,避免出现汗渍、水渍和油污等,以免影响正常操作。

任务四 车道保持辅助(LKA)系统检测

一、任务导入

在驾驶过程中,驾驶员注意力不集中或者疲劳驾驶,很有可能会导致车辆意外驶出车道,从而造成危险。疲劳和分心是无意中偏离车辆行驶车道线的最常见原因,如何让驾驶者保持注意力且预防驾驶者在注意力分散时发生意外,降低偏离车道的概率,保障行车安全,是近年来各个车厂所努力的目标。人容易疲劳,机器不容易疲劳,因此诞生了 LKA 车道保持辅助系统,开发了一种可以辅助驾驶员开车的功能——

LKA 车道保持辅助系统：主动帮助驾驶员将其车辆保持在车道内，避免或者降低事故的发生。

图 6-17 车道保持辅助系统的功能

二、任务目标

（一）知识目标

(1)掌握车道保持辅助(LKA)系统的定义与组成；

(2)掌握车道保持辅助(LKA)系统的工作原理；

(3)掌握车道保持辅助(LKA)系统的功能检查方法。

（二）技能目标

(1)了解智能网联汽车系统平台的整体架构和各个模块的功能；

(2)掌握智能网联汽车系统平台的基本操作和使用；

(3)了解智能网联汽车平台的通信协议和标准，以及各设备间的互操作性。

（三）素养目标

(1)鼓励学生主动思考问题，积极提出新的观点和想法，培养学生的创新意识；

(2)促进学生在不同学科领域之间建立联系，培养他们跨学科的思考能力；

(3)激发学生的内在学习动机，培养学生主动探索知识、解决问题的能力。

三、任务咨询

（一）车道保持辅助(LKA)系统的定义

车道保持辅助(LKA)系统属于智能驾驶辅助系统中的一种，它是在车道偏离预警系统(LDWS)的基础上对刹车的控制协调装置进行控制，或对转向系统进行控制，辅助车辆保持在本车道内行驶。LKA 功能是 LDW 系统的一个升级版。除了以各类方式提示驾驶员之外，车辆还会自动修正方向盘，使车辆回到当前行驶的车道中间去。以前有一些车型是通过车轮的细微刹车来调整车子行驶轨迹的，而现在自动调整方向盘已经被普及到了市场中。车道保持辅助是介于辅助驾驶和车辆安全技术之间的一项功能,以控制车辆保持在车道内的位置,采取先提示警告再介入的方式进行干预:当系统检测出车辆产生偏移时,会发出声音或者方向盘、座椅的震动来警示驾驶者;当驾驶者没有做出反应,系统则会将车辆轻轻拉回车道,但当驾驶员对方向盘做出阻力,车辆将会撤销车道保持辅助的介入。车道保持辅助系统如图6-18所示。

图6-18 车道保持辅助系统

车道保持辅助系统对行驶时保持车道提供支持。车辆行驶在行车线内时,借助一个摄像头识别行驶车道的标志线,当系统识别到车辆接近车道的标记线并可能脱离行驶车道时,会给驾驶者一个警告提醒,以此来告知驾驶员注意行车安全!如果车辆行驶偏离所在车道,那么会通过声音信号/方向盘的振动提请驾驶员注意,并配合转向系统自动纠正,直接帮驾驶员打方向盘,将车拉回车道内,LKAS能正确地操控方向盘,通过向转向盘施加微小扭矩主动操控车辆回到车道中央,用于帮助司机使车辆一直保持在规定的某个车道上行驶,使车辆尽可能行驶在行车线内,不偏离车道,这样可以很大程度上减轻驾驶者的驾驶负担。如学车时旁边坐的教练,在车辆偏离车道的时候,主动帮纠偏。

(二)车道保持辅助(LKA)系统的组成

车道保持辅助系统主要由信息采集单元、电子控制单元和执行单元等组成。在系统工作期间,驾驶员将会接收车道偏离的报警信息,并选择对转向系统和制动系统中的一项或多项动作进行控制,也可交由系统完全控制。车道保持辅助系统的组成如图6-19所示。

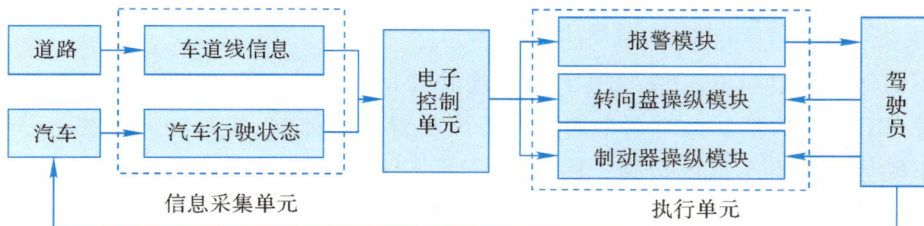

图6-19 车道保持辅助系统的组成

1.信息采集单元

信息采集单元在车道保持辅助系统中的功能与车道偏离预警系统的功能相似，主要通过传感器采集车道信息和汽车自身行驶信息并发送给电子控制单元。

2.电子控制单元

电子控制单元主要通过特定的算法对信息进行处理，并判断是否做出车道偏离修正的相应操作。该单元性能直接影响车道偏离修正的及时性，因此在选择中央处理器和设计控制算法时要着重考虑运算能力和运算速度。

3.执行单元

执行单元主要有预警模块、转向盘操纵模块和制动器操纵模块。其中预警模块与车道偏离预警系统类似，通过转向盘或座椅振动、仪表盘显示和声音警报中的一种或多种形式实现。转向盘操纵模块和制动器操纵模块是车道保持辅助系统中特有的，其主要作用是实现横向运动和纵向运动的协同控制，并保证汽车在车道保持辅助系统工作期间具有一定的行驶稳定性。

（三）车道保持辅助（LKA）系统的工作原理

车道保持辅助系统可以在行车的全程或速度达到某一阈值后开启，并可以手动关闭，实时保持汽车的行驶轨迹。当车道保持辅助系统正常工作时，信息采集单元通过车载传感器采集车道线、车速、转向盘转角以及汽车速度等信息，电子控制单元对这些信息进行处理，比较车道线和汽车的行驶方向，判断汽车是否偏离行驶车道。

当汽车行驶可能偏离车道线时，发出预警信息；当汽车距离偏离侧车道线小于一定阈值或已经有车轮偏离出车道线，电子控制单元计算出辅助操舵力和减速度，根据偏离的程度控制转向盘和制动器的操纵模块，施加操舵力和制动力使汽车稳定地回到正确的行驶线路；若驾驶员打开转向灯正常进行变线行驶，则车道保持辅助系统不会做出任何提示。

车道保持辅助系统的工作过程如图 6-20 所示，在车道保持辅助系统起作用时将不同时刻的汽车行驶照片重叠后可以看出，图 6-20 中后面起第二个车影已经偏离正确的行驶线路，于是系统发出预警信息，第三个和第四个车影是系统主动进行车道偏离纠正的过程，在第五个车影时，汽车已经重新回到正确的行驶线路上，车道保持辅助系统完成一个完整的工作周期。

车道保持辅助系统可以在行车的全程或速度达到某一阈值后开启，并可以手动关闭，实时保持汽车的行驶轨迹。

信息采集单元通过车载传感器采集车速、转向盘转角信息；电子控制单元对信息进行处理，判断汽车是否偏离行驶车道；当汽车行驶可能偏离车道线时，发出报警信息；当汽车距离偏离侧车道线小于一定阈值或已经有车轮偏离出车道线，施加操舵力和制动力，使汽车稳定地回到正常轨道。

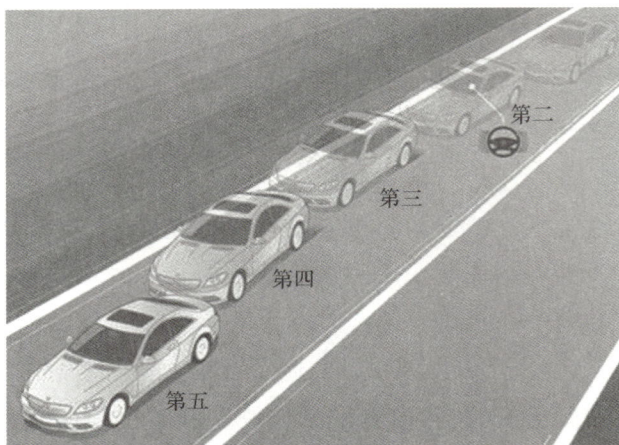

图 6-20　车道保持辅助系统的工作过程

若驾驶员打开转向灯,正常进行变线行驶,则系统不会做出任何提示。车道保持辅助系统的示意图如图 6-21 所示。

图 6-21　车道保持辅助系统的示意图

(四)车道保持辅助(LKA)系统的要求

车道保持辅助系统的要求包括基本要求和性能要求。

1. 基本要求

车道保持辅助系统具有以下基本要求。

(1)在可视车道线环境下应能识别车辆与车道线的相对位置,辅助驾驶员将车辆保持在原车道内行驶。

(2)至少应具备车道偏离抑制功能或车道居中控制功能。

(3)应具备开机自检功能,应能检查车道保持辅助系统相关的主要电气部件和传感元件是否正常工作。

(4)应设置开/关功能,以便驾驶员根据意图进行操作,且应避免驾驶员误操作。

(5)应监测自身状态并向驾驶员提示系统当前状态,包括系统故障、系统的开/关等,提示的状态信息应清晰易懂。系统的开/关状态提示允许驾驶员通过调取菜单等间接方式查看。

(6)应有一定的抑制、失效和退出条件并通过机动车产品使用说明书加以说明。

(7)车道保持辅助系统的状态转换如图 6-22 所示。车道保持辅助系统从关闭到开启可以通过驾驶员操作,也可以通过系统自动开启,例如在点火开关开启并且系统没有失效发生的时候。车道保持辅助系统从开启到关闭可以通过驾驶员操作,也可以通过系统自动关闭,例如在点火开关关闭或系统有失效发生的时候。在车道保持辅助系统待机状态,系统应评估激活条件,此时车道保持辅助系统不得执行任何车道保持行为。在车道保持辅助系统激活状态,系统应评估激活条件,如果有任意一个确定的激活条件不满足,系统需要从激活状态转换成待机状态。

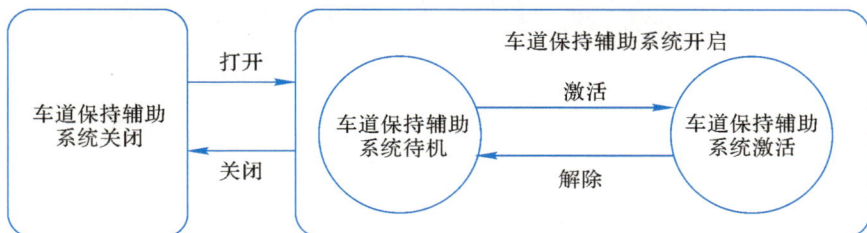

图 6-22　车道保持辅助系统的状态转换

2.性能要求

车道保持辅助系统具有以下性能要求。

(1)系统的车道偏离抑制功能不应使车辆偏离超过车道线外侧 0.4 m,车道居中控制功能不应使车辆偏离超过车道线外侧。

(2)车道偏离抑制功能引起的车辆纵向减速度不应超过 3 m/s,引起的车速减小量不应超过 5 m/s。

(3)系统激活时引发的车辆横向加速度不大于 3 m/s^2,车辆横向加速度变化率不大于 5 m/s^3。

(4)系统应在 V_{min} 至 V_{max} 之间的车速范围内正常运行,其中,V_{min} 为 72 km/h,V_{max} 为 120 km/h 和最高设计车速两者中的较小值。系统也可以在更宽的车速范围内正常运行。

四、任务实施

(一)车道保持辅助(LKA)系统的功能检查

1.工作条件

(1)功能处于开启状态。

(2)一般车辆行驶车速≥65 km/h。

(3)车门关闭、安全带系紧。

(4)转向灯未激活。

车道保持辅助系统的工作条件如图6-23所示。

图6-23　车道保持辅助系统的工作条件

2.功能限制

(1)大雾、大雨或大雪,对面照射光线强烈,使摄像机的探测区域模糊。

(2)车道线边线不清晰、车道线变窄。

(3)风挡玻璃有污物或被遮挡。

(4)急转弯时。

车道保持辅助系统的功能限制如图6-24所示。

图6-24　车道保持辅助系统的功能限制

(二)恢复整理

恢复整理见表6-9。

表6-9　恢复整理

类　别	基本内容
实训设备维护和检查	检查智能网联汽车系统平台实训设备的状态,包括车辆、工具、仪器等
实训设备及资料整理	智能网联汽车系统平台下电并锁定,车辆钥匙及相关资料存放在适当的位置
实训场地清洁和整理	对实训场地进行清扫,确保地面干净整洁,没有杂物和垃圾
实训场地安全检查	检查实训场地的安全设施,如防火设备、紧急出口等,确保其正常运行

（三）任务拓展

电动助力转向（Electric Power Steering，EPS）具有节能环保、符合驾驶辅助功能需求等优点，近年来在乘用车市场越来越多地替代液压助力转向。随着 EPS 的普及，越来越多的 LKA 系统以 EPS 作为其执行机构。

车道保持系统往往并不是一项独立存在的配置，它经常会与其他主动安全系统配合使用，如包括自适应巡航系统、主动动刹车系统以及 LKA 车道保持系统在内的驾驶辅助系统。当今比较常见的是它与自适应巡航、主动刹车等功能结合从而完成的不同等级的自动驾驶功能。

五、任务小结

车道保持辅助系统功能检查方法分为四个步骤：

（1）启动车辆。

（2）按键检查。

（3）功能检查。

（4）关闭车辆。

其中功能检查主要检查系统能否正常进行模式选择，如按键无法正常反馈，需要转至维修部门进行故障维修。

任务五　智能泊车辅助（APA）系统检测

一、任务导入

随着城镇化发展的不断加快，交通拥堵现象愈发凸显，城市停车位资源紧张，停车位空间小等问题，使停车难题不断发酵。由于城市停车位数有限而车辆数量众多，对于"老司机们"来说，想要找到合适的停车位已经越来越困难，在较大停车场停车容易产生找车位难、找车难等问题，驾车出行变得愈发受到挑战；与此同时大城市停车空间有限，特别是市中心拥挤的停车空间，狭小的停车空间时刻考验着他们的停车技术，将汽车倒入狭小的停车位成为一项必备技能，给驾驶员带来困扰。对于"新司机们"而言，很多情况下都需要颇费周折才能停好车，在这种环境下泊车容易引起局部交通堵塞、驾驶员神经疲惫和保险杠被撞弯等剐蹭事故的发生。

在这样的背景下，为便捷人们出行、缓解交通压力、解决停车难题便成了城市管理的重要任务。近年来世界各国从科技的角度不断探索，尝试找到破解城市停车难题的办法。在不同的国家，落实不同场景的自动驾驶的意愿也不相同，唯一确定的是，大家都不爱停车，确切的说是不爱找车位和停车，国外车企也意识到停车难的问题。随着高级辅助驾驶系统的出现，汽车的驾驶体验越发丰富，驾驶员在驾驶汽车的过程中也越来越轻松,驾驶安全性也由于高级辅助驾驶的搭载获得了巨大的提升,作为在驾驶汽车过程中不可避免的动作——停/泊车,也被汽车设计师和汽车制造商考虑到,技术的发展为之提供了解决之道,设计并研发了相关的高级辅助驾驶系统,它就是——自动泊车系统。

图 6-25　智能泊车辅助系统的功能

二、任务目标

(一)知识目标

(1)掌握智能泊车辅助(APA)系统的定义与组成;

(2)掌握智能泊车辅助(APA)系统的工作原理;

(3)掌握智能泊车辅助(APA)系统的功能检查方法。

(二)技能目标

(1)了解智能网联汽车系统平台的整体架构和各个模块的功能;

(2)掌握智能网联汽车系统平台的基本操作和使用;

(3)了解智能网联汽车平台的通信协议和标准,以及各设备间的互操作性。

(三)素养目标

(1)鼓励学生主动思考问题,积极提出新的观点和想法,培养学生的创新意识;

(2)促进学生在不同学科领域之间建立联系,培养他们跨学科的思考能力;

(3)激发学生的内在学习动机,培养学生主动探索知识、解决问题的能力。

三、任务咨询

(一)智能泊车辅助(APA)系统的定义

自动泊车系统(Automated Parking System,APS)/自动泊车辅助系统(Auto

Parkig Assist，APA)主要是利用遍布车辆自身和周边环境里的车载传感器，测量车辆自身与周边物体之间的相对距离、速度和角度；通过泊车雷达来实现自动识别可用车位，利用360°全景摄像头的图像信息，并结合超声波雷达传感器，实现对车位、周边环境的感知和识别，然后通过车载处理器/车载计算平台或云计算平台计算出操作流程，控制器根据识别的信息计算泊车合适的路径以及控制执行机构实施车辆的转向和加减速，并自动正确地完成停车入车位动作的系统，以实现自动泊入、泊出及部分行驶功能，实现车辆安全、平顺地泊车。

搭载有自动泊车功能的汽车可以不需要人工干预，通过车载传感器、处理器和控制系统的帮助收集车辆的环境信息(包括障碍物的位置)，就可以实现自动识别车位和找到一个停车位，并自动安全地完成泊车入位操作的过程。

(二)智能泊车辅助(APA)系统的组成

智能泊车辅助系统(APA)主要由感知单元、中央控制器、转向执行机构、人-机交互系统等组成。感知单元感知环境信息和汽车自身运动状态信息，中央控制器对感知单元传输的信息进行分析判断，转向执行机构接收中央控制器发出的指令并执行，人-机交互系统显示重要信息给驾驶员。

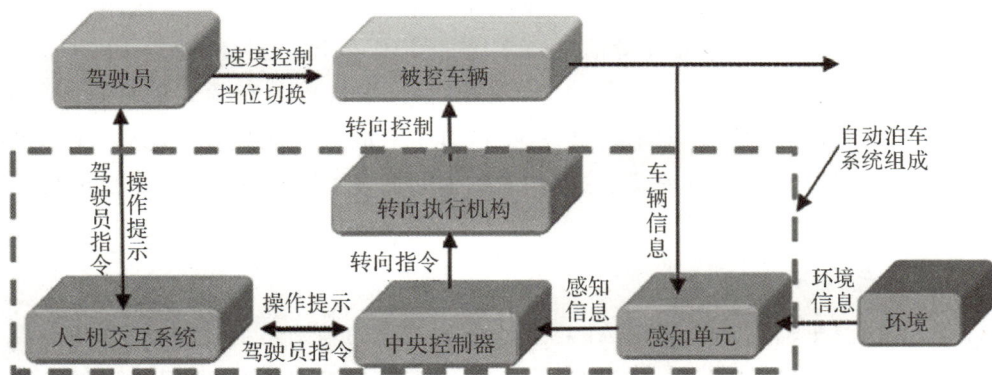

图 6-26　智能泊车辅助系统的组成

1.感知单元

感知单元通过超声波雷达、转速传感器、陀螺仪、挡位传感器等实现对环境信息和汽车自身运动状态的感知，并把感知信息输送给泊车系统的中央控制器。

2.中央控制器

中央控制器主要用于分析处理感知单元获取的环境信息以及对汽车泊车运动的控制。在泊车过程中，泊车系统控制器实时接收并处理汽车超声波雷达输出的信息，当汽车与周围物体相对距离小于设定的安全值时，泊车系统控制器将采取合理的汽车运动控制。

3.转向执行机构

转向执行机构由转向系统、转向驱动电机、转向电机控制器以及转向柱转角传感器等组成,转向执行机构接收中央控制器发出的转向指令后执行转向操作。

4.人-机交互系统

在泊车过程中,人-机交互系统用来显示一些重要信息给驾驶员。

(三)智能泊车辅助(APA)系统的类型

智能泊车辅助系统可以分为自动泊车辅助系统、远程遥控泊车辅助系统、自学习泊车辅助系统以及自动代客泊车等。

1.自动泊车辅助系统

自动泊车辅助系统主要利用遍布车辆自身和周边环境里的传感器,测量车辆自身与周边物体之间的相对距离、速度和角度,然后通过车载计算平台或云计算平台计算出操作流程,并控制车辆的转向和加减速,以实现自动泊入、泊出及部分行驶功能。

使用泊车辅助传感器(APA)超声波雷达检测到空库位后,汽车控制器会根据本车的尺寸和库位的大小,规划出一条合理的泊车轨迹,控制转向盘、变速器和加速踏板进行自动泊车。在泊车过程中,安装在汽车前后的 8 个 UPA(测量汽车前后障碍物的超声波雷达)会实时感知环境信息,实时修正泊车轨迹,避免碰撞。

自动泊车可以分为半自动泊车和全自动泊车。半自动泊车为驾驶员操控车速,计算平台根据车速及周边环境来确定并执行转向,对应于 1 级驾驶自动化;全自动泊车为计算平台根据周边环境来确定并执行转向和加减速等全部操作,驾驶员可在车内或车外监控,对应于 2 级驾驶自动化。

2.远程遥控泊车辅助系统

远程遥控泊车辅助系统是在 APA 自动泊车技术的基础之上发展而来的,车载传感器的配置方案与 APA 类似。它解决了停车后难以打开本车车门的尴尬场景,如在两边都停了车的车位,或在比较狭窄的停车房。远程遥控泊车辅助系统常见于特斯拉、宝马 7 系和奥迪 A8 等高端车型中。

在汽车低速巡航并找到空车位后,驾驶员将汽车挂入停车挡,就可以离开汽车了。在车外,使用手机发送泊车指令控制汽车完成泊车操作。遥控泊车涉及汽车与手机的通信,目前汽车与手机最广泛且稳定的通信方式是蓝牙,虽然没有 4G/5G 传输的距离远,但是解决了 4G/5G 信号并不能保证所有地方都能做到稳定通信的问题。

远程遥控泊车辅助系统相比于 APA 加入了与驾驶员通信的车载蓝牙模块,因此不再需要驾驶员坐在车内监控汽车的泊车过程,而仅需要在车外观察即可。

远程遥控泊车辅助系统属于 2+级驾驶自动化。

3. 自学习泊车辅助系统

自学习泊车辅助系统能够学习驾驶员的泊入和泊出操作，并在以后自主完成这个过程。自学习泊车辅助系统的核心技术是即时定位与地图构建（SLAM）。

驾驶员在准备停车前，可以在库位不远处开启"路线学习"功能，随后慢慢将汽车泊入固定车位，系统就会自学习该段行驶和泊车路线。泊车路线一旦学习成功，汽车便可达到"过目不忘"。完成路线的学习后，在记录的相同起点下车，用手机蓝牙连接汽车，启动自学习泊车辅助系统，汽车就能够模仿先前记录的泊车路线完成自动泊车。

驾驶员除了让汽车学习泊入车库的过程外，还能够学习汽车泊出并行驶到固定位置的过程。"聪明"的汽车能够自动驾驶到指定地点，即使在大雨天也不用担心冒雨取车。

自学习泊车辅助系统相比于自动泊车和远程遥控泊车辅助系统加入了360°环视相机，而且泊车的控制距离从5 m内扩大到了50 m内，有了明显提升。

自学习泊车辅助系统属于3级驾驶自动化。

4. 自动代客泊车

最理想的泊车辅助场景应该是，驾驶员把车开到办公楼下后直接去办事，而把找泊车位和停车的工作交给汽车，汽车停好后发条信息给驾驶员，告知自己停在哪。驾驶员在下班时给汽车发条信息，汽车即可远程启动、泊出库位，并行驶到驾驶员设定的接驳点。

自动代客泊车是为了解决日常工作、生活中停车难的问题，其主要的应用地点通常是办公楼或者大型商场的地上或地下停车场。

相比于前面三种泊车辅助产品，自动代客泊车除了要实现泊入车库的功能外，还需要解决从驾驶员下车点低速（小于20 km/h）行驶至库位旁的问题。为了能尽可能地安全行驶到库位旁，必须提升汽车远距离感知的能力，因此前视摄像头成为最优的传感器方案。地上/地下停车场不像开放道路，场景相对单一，高速运动的汽车较少，对于保持低速运动的本车来说，更容易避免突发状况的发生。

除了毫米波雷达和视觉传感器外，实现自动代客泊车还需要引入停车场的高精度地图，再配合SLAM或视觉匹配定位的方法，才能够让汽车知道它现在在哪，应该去哪里寻找泊车位。除了自行寻找泊车位外，具备自动代客泊车功能的汽车还可以配合智能停车场更好地完成自动代客泊车的功能。智能停车场需要在停车场内安装一些必要的基础设施，比如摄像头、地锁等。这些传感器不仅能够获取泊车位是否被占用，还能够知道停车场的道路上是否有车等信息。将这些信息建模后发送给汽车，汽车就能够规划出一条更为合理的路径，行驶到空车位处。

自动代客泊车属于4级驾驶自动化。

(四)智能泊车辅助(APA)系统的工作原理

通过车载传感器扫描汽车周围环境,通过对环境区域的分析和建模,搜索有效泊车位,在确定目标车位后,系统提示驾驶员停车并自动启动自动泊车程序,根据所获取的车位大小、位置信息,由程序计算泊车路径,然后自动操纵汽车泊车入位。

智能泊车辅助系统的工作过程如图 6-27 所示。

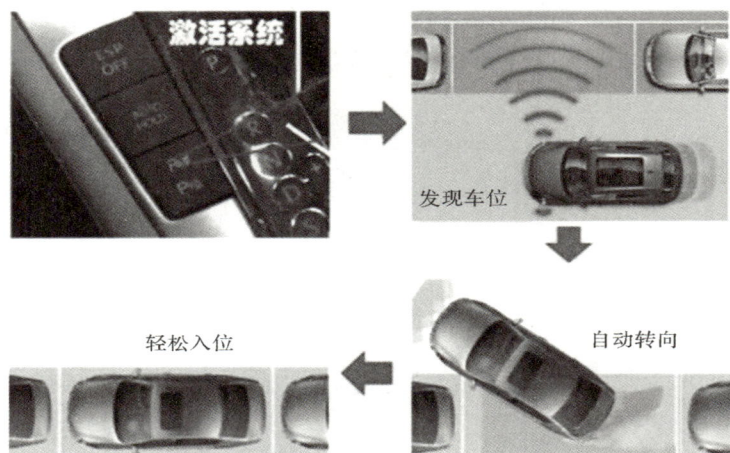

图 6-27　智能泊车辅助系统的工作过程

1.激活系统

汽车进入停车区域后缓慢行驶,人工开启智能泊车辅助系统,或根据车速自动启动智能泊车辅助系统。

2.车位检测

通过车载传感器获取环境信息,传感器主要采用测距传感器(如超声波雷达)和视觉传感器,然后识别出目标车位。

3.路径规划

根据感知单元所获取的环境信息,中央控制器对汽车和环境建模,计算出一条能使汽车安全泊入车位的路径。

4.路径跟踪

通过转角、油门和制动的协调控制,使汽车跟踪预先规划的泊车路径,实现轻松泊车入位。

垂直车位的自动泊车流程如下:

(1)寻找车位。

(2)确定车位。

(3)泊车入位。

(4)调整正位。

(5)结束。

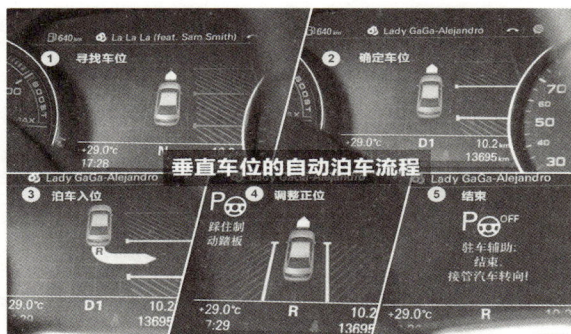

图 6-28 垂直车位的自动泊车流程

相比于传统的电子辅助功能,比如说倒车雷达、倒车影像显示等,自动泊车辅助系统智能化程度更高,减轻了驾驶员的操作负担,有效降低了泊车的事故率。

图 6-29 侧方车位的自动泊车流程

(五)智能泊车辅助(APA)系统的要求

1. 系统功能要求总则

驾驶员启动泊车任务后,手动驾驶车辆进入车位搜索模式,智能泊车辅助系统采用传感器感知车辆周围环境,实现泊车位的搜索和监测,实时地将已监测出的车位通过人机交互系统显示给驾驶员,驾驶员停车选择待泊入的车位并确认进入泊车操作后,无须操纵转向、制动、油门以及挡位,智能泊车辅助系统自动控制车辆实现泊车入位。

智能泊车辅助系统在工作过程中,传感器会检测车前及车尾规定范围内的障碍物情况,当传感器检测到障碍物时,会主动进行预警提示,并控制车辆停止,避免碰撞。

2. 基本功能要求

智能泊车辅助系统应具备以下基本功能要求。

(1)检测泊车位的存在。

(2)确定本车与泊车位、本车周围障碍物以及泊车位周围障碍物的相对位置。

（3）计算泊车轨迹。

（4）控制车辆完成泊车入位。

（5）根据车辆与前、后方障碍物之间的距离控制车辆以不同的速度行驶及紧急制动。

（6）在系统控制操纵期间，驾驶员能够随时接管控制车辆运动。

（7）驾驶员无须操纵转向、制动、油门以及挡位，智能泊车辅助系统自动控制车辆实现泊车入位。

3.基本工作状态

智能泊车辅助系统状态及切换条件如图 6-30 所示，整个系统由 6 个状态组成，即上电初始化、待机、车位搜索、泊车介入、系统故障以及异常中断。

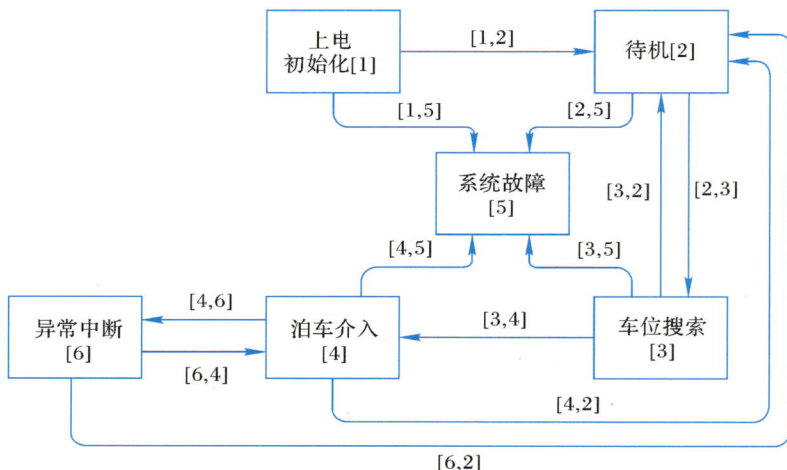

图 6-30　智能泊车辅助系统状态及切换条件

[1,2]表示发动机启动，系统上电，系统功能初始化完成后，启动系统自检，如无故障，智能泊车辅助系统进入待机状态。

[1,5]表示系统自检有故障，进入系统故障状态。

[2,3]表示驾驶员启动智能泊车辅助系统，进入车位搜索状态。

[2,5]表示系统自检有故障，进入系统故障状态。

[3,2]表示驾驶员取消智能泊车辅助任务，系统进入待机状态。

[3,4]表示驾驶员选中泊车车位，进入泊车介入状态，控制车辆完成泊车。

[3,5]表示系统自检有故障，进入系统故障状态。

[4,2]表示智能泊车辅助系统任务完成、任务取消或任务超时时退出，车辆进入待机状态。

[4,5]表示系统自检有故障，控制车辆停车，进入系统故障状态。

[4,6]表示系统因某些条件不满足，控制车辆停止，进入异常中断状态。

[6,4]表示不满足泊车条件消除，系统进入泊车介入状态。

4.工作限制条件

系统工作时，平行车位搜索的最高速度应不高于 30 km/h；垂直车位搜索的最高速度应不高于 20 km/h。系统工作时泊车过程的最高车速应不高于 10 km/h。

四、任务实施

(一)智能泊车辅助(APA)系统的功能检查

1.工作条件

(1)车速必须低于指定车速(一般 15 km/h)。

(2)挂车线束插座未连接。

(3)ABS 和 DSTC 未激活(在陡峭或打滑路面可能会发生)。

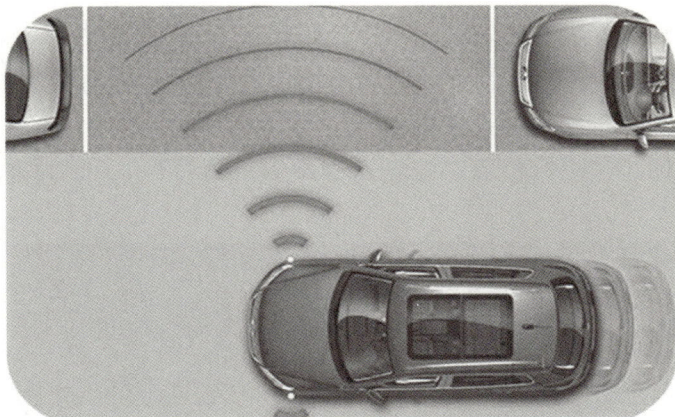

图 6-31 智能泊车辅助系统的工作条件

2.功能限制

(1)如果车辆行驶过快(后退/前进时大于 10 km/h)。

(2)如果驾驶员操作方向盘或者阻止了移动。

(3)ABS 或 DSTC 启用时。

(4)如果乘客车门打开。

图 6-32 智能泊车辅助系统的功能限制

(二)恢复整理

表 6 - 10　恢复整理

类　别	基本内容
实训设备维护和检查	检查智能网联汽车系统平台实训设备的状态,包括车辆、工具、仪器等
实训设备及资料整理	智能网联汽车系统平台下电并锁定,车辆钥匙及相关资料存放在适当的位置
实训场地清洁和整理	对实训场地进行清扫,确保地面干净整洁,没有杂物和垃圾
实训场地安全检查	检查实训场地的安全设施,如防火设备、紧急出口等,确保其正常运行

(三)任务拓展

2023 年,华为发布了一段令人震惊的视频,展示了其最新研发的无人代驾泊车——智界 S7 在地下停车场中的自动寻找车位并成功停放的过程。视频中,智界 S7 通过华为的人工智能技术,不仅可以自动感知停车场的情况,并且还可以根据情况自主选择合适的车位进行停放。这一过程顺利进行,展示了华为在自动驾驶领域的巨大潜力。

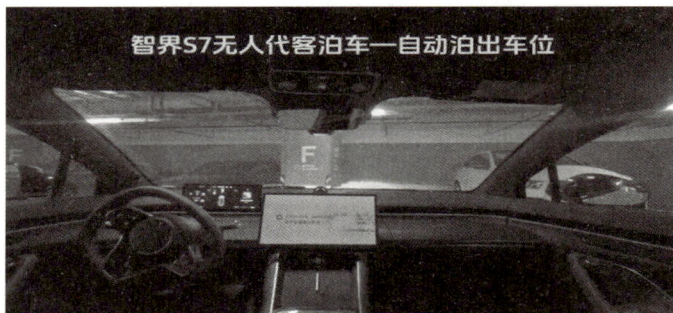

图 6 - 33　智界 S7 智能泊车辅助系统

另外,视频中还展示了智界 S7 的一键召回功能。当车主需要使用车辆时,只需通过手机 APP 点击一键召回按钮,智界 S7 会自动规划最优路线,返回车主下车的地点。这一功能给人以极大的便利,无论是购物还是外出旅行,车主都可以放心地将车辆停放在合适的位置,而无须担心车辆的安全。

五、任务小结

智能泊车辅助系统功能检查主要分为四个步骤:

(1)启动车辆。

(2)按键检查。

(3)功能检查。

(4)关闭车辆。

其中功能检查需要在系统执行过程中保持同步操作,包括泊车模式设置、车位识别、挡位跟进和车速控制等。

▶**实训工单五**

1.高级驾驶辅助系统（ADAS）检测

任务名称	高级驾驶辅助系统（ADAS）检测	学　时		班　级	
学生姓名		学生学号		任务成绩	
实训设备、工具及仪器	智能网联汽车、工具箱、安全防护用品	实训场地		日　期	
任务描述	本任务实施主要是加强对高级驾驶辅助系统（ADAS）检测，通过任务实施、评价及反馈，帮助学生查找问题，理论结合实践，夯实培养质量				
任务目的	掌握高级驾驶辅助系统（ADAS）检测				
任务步骤	任务要点		实施记录		
任务准备	1.穿工作服，佩戴劳保用品； 2.严禁非专业人员或无教师在场的情况下私自对部件进行操作； 3.实训过程中需要至少两人配合完成		是否完成:是□　　否□		
工具准备	智能网联汽车、工具箱、安全防护用品				
车辆基础检查	1.检查智能网联实训车是否平稳放置； 2.检查智能网联实训车是否能够整车上下电		是否完成:是□　　否□ 是否完成:是□　　否□		
自适应巡航控制（ACC）系统检测	1.启动车辆； 2.按键检查； 3.功能检查； 4.关闭车辆		是否完成:是□　　否□ 是否完成:是□　　否□ 是否完成:是□　　否□ 是否完成:是□　　否□		
自动紧急制动（AEB）系统检测	1.启动车辆； 2.按键检查； 3.功能检查； 4.关闭车辆		是否完成:是□　　否□ 是否完成:是□　　否□ 是否完成:是□　　否□ 是否完成:是□　　否□		
车道保持辅助（LKA）系统检测	1.启动车辆； 2.按键检查； 3.功能检查； 4.关闭车辆		是否完成:是□　　否□ 是否完成:是□　　否□ 是否完成:是□　　否□ 是否完成:是□　　否□		
智能泊车辅助（APA）系统检测	1.启动车辆； 2.按键检查； 3.功能检查； 4.关闭车辆		是否完成:是□　　否□ 是否完成:是□　　否□ 是否完成:是□　　否□ 是否完成:是□　　否□		
操作完毕	实训设备、工具及资料整理，场地清洁		是否完成:是□　　否□		

续表

任务总结	高级驾驶辅助系统(ADAS)检测总结：	

<table>
<tr><td rowspan="13">评价反思</td><td colspan="5">评 价 表</td></tr>
<tr><td>项　目</td><td>评价指标</td><td>自　评</td><td>互　评</td></tr>
<tr><td rowspan="3">专业
技能</td><td>正确进行高级驾驶辅助系统(ADAS)检测</td><td>合格□　不合格□</td><td>合格□　不合格□</td></tr>
<tr><td>按照任务要求完成作业内容</td><td>合格□　不合格□</td><td>合格□　不合格□</td></tr>
<tr><td>完整填写工单</td><td>合格□　不合格□</td><td>合格□　不合格□</td></tr>
<tr><td rowspan="3">工作
态度</td><td>着装规范，符合职业要求</td><td>合格□　不合格□</td><td>合格□　不合格□</td></tr>
<tr><td>正确查阅相关资料和学习资料</td><td>合格□　不合格□</td><td>合格□　不合格□</td></tr>
<tr><td>目标明确，独立完成</td><td>合格□　不合格□</td><td>合格□　不合格□</td></tr>
<tr><td>个人
反思</td><td>完成任务的安全、质量、时间和 5S 要求，是否达到最佳程度，请提出个人改进建议</td><td></td><td></td></tr>
<tr><td rowspan="2">教师
评价</td><td>教师签字：</td><td>合格□　不合格□</td><td>合格□　不合格□</td></tr>
<tr><td>　　　　年　月　日</td><td>合格□　不合格□</td><td>合格□　不合格□</td></tr>
</table>

项目七　汽车智能座舱检查与测试

任务一　汽车智能座舱认知

一、任务导入

随着汽车产业正在从传统燃油车时代向新能源汽车时代的变革,与之相关联的汽车座舱产业也正在向第三次技术变革迈进,即智能座舱时代。目前各大汽车厂商纷纷涌入这一市场,希望通过个性化、差异化卖点吸引到消费者,从而提升自家产品销量。

二、任务目标

(一)知识目标

(1)掌握智能座舱的定义;

(2)了解智能座舱典型的功能与特性分析;

(3)了解智能座舱相关技术及发展趋势。

(二)技能目标

(1)能够分析市场上智能网联汽车智能座舱功能搭载;

(2)掌握车载智能座舱功能操作。

(三)素养目标

(1)鼓励学生主动思考问题,积极提出新的观点和想法,培养学生的创新意识;

(2)促进学生在不同学科领域之间建立联系,培养他们跨学科的思考能力;

(3)激发学生的内在学习动机,培养学生主动探索知识、解决问题的能力。

三、任务咨询

(一)汽车智能座舱的定义

智能座舱是基于智能化、万物互联的背景下的车内应用场景,通过整合驾驶信息和车载应用,利用车载系统的强大信息数据处理能力,为驾驶者提供高效且高科技感的驾驶体验。智能座舱由硬件(座舱芯片、抬头显示、电子后视镜等硬件)、软件、交互(语音识别、人脸识别、触摸识别、生物识别)等三大部分组成。

广义上讲,汽车智能座舱是基于汽车外部或内部环境感知能力提升,对车辆自身、驾驶过程、驾驶源的辅助能力或舒适度提升;狭义上讲,汽车智能座舱是基于车内高速处理器对车辆内外传感器获得的信息(图像、雷达、音频、驾驶操作)、来自于网络的信息(地图、调度、服务内容)的智能处理(统计分析、信息挖掘),实现信息学习,使得座舱更智能。如图 7-1 所示。

图 7-1 汽车智能座舱

(二)智能座舱典型的功能与特性分析

1.触控交互系统

触控交互系统是一种汽车内部的交互技术,它允许驾驶员和乘客通过触摸屏幕来操作各种车辆功能和信息娱乐系统。这种系统通常包括一个中央显示屏,用于显示导航、音频、通信和车辆设置等信息。车载触控交互系统的优点包括提供更直观和易于使用的界面,减少驾驶员在驾驶过程中的分心,提高操作的便利性和效率。通过触摸屏幕,驾驶员可以轻松访问各种功能,而无须复杂的按钮或旋钮操作。

2.语音交互系统

语音交互技术是车载人工智能技术的重要组成部分,通俗地说,就是用人类最自然的语言给机器下达指令,达成使用者目的的过程。语音交互技术是基于语音输入的新一代交互模式,通过说话就可以得到反馈的结果,伴随着人工智能行业的快速发展,中国在智能语音这个细分市场的发展持续增长,目前国内在智能语音市场的技术已经相对成熟。车载语音交互系统如图 7 - 2 所示。

图 7 - 2　车载语音交互系统

3.手势交互系统

　　手势交互系统是一种通过识别用户的手势动作来实现交互的技术。它不需要用户直接接触设备,而是通过检测和解读用户的手部动作、姿势或手势来执行各种操作。手势交互系统的优点包括提供更加自然和直观的交互方式,减少对物理按钮或触摸屏幕的依赖,增加用户与设备之间的互动性。它还可以为特定场景提供更加便捷和高效的操作体验。车载手势交互系统如图 7 - 3 所示。

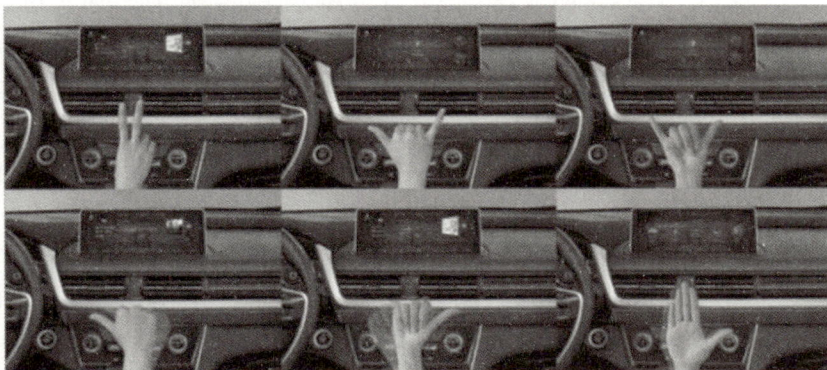

图 7 - 3　车载手势交互系统

4.驾驶显示系统

　　驾驶显示系统是车辆中的一个重要组成部分,它为驾驶员提供关键的信息和数据,以帮助他们更好地了解和控制车辆的状态。现代的驾驶显示系统通常采用数字化的显示屏,如液晶显示屏或触摸屏,以提供清晰、易于读取的信息。这些系统还可能具备可定制化的界面,允许驾驶员根据自己的需求和偏好设置显示的信息和功能。驾驶显示系统的设计旨在提高驾驶员的安全性和便利性。通过提供实时的车辆信息,驾驶员可以更好地了解车辆的状态,并做出相应的决策。此外,一些高级的驾驶显示系统还可能集成了智能驾驶辅助功能,如自动驾驶辅助、碰撞预警等。

5.智能座椅系统

智能座椅系统是一种结合了先进技术的汽车座椅,基于新型电子电器架构和嵌入式传感器的研发和人机交互技术的变革,通过一个系统的解决方案动态观测乘员的状态,并且由控制器来控制和协调该区域中的各项功能。它具有多种功能和特性,以提供更加舒适和个性化的乘坐体验。智能座椅系统的目的是提升乘客的舒适性和便利性,同时也为驾驶员提供更好的驾驶体验。

(三)汽车智能座舱系统的系统架构

汽车智能座舱系统的系统架构通常包括以下几个主要组成部分:

(1)传感器和数据采集。它通过各种传感器(如摄像头、麦克风、陀螺仪等)收集车辆内外的信息,如驾驶员状态、车内环境、外部路况等。

(2)处理器和控制器。它负责处理和分析传感器采集的数据,并根据预设的算法和规则做出决策,控制座舱系统的各项功能。

(3)人机交互界面。它包括显示屏、触摸屏、语音识别系统等,用于与驾驶员和乘客进行交互,显示信息、接收指令等。

(4)网络通信。网络通信用于实现座舱系统与车辆其他系统(如动力系统、制动系统等)以及外部网络的连接和数据交互。

(5)软件和算法。运行在处理器上的软件程序,实现各种功能,如自动驾驶辅助、智能导航、信息娱乐等。

(6)功能模块。如座椅调节、空调控制、音响系统等,它们与智能座舱系统集成,实现更智能化的控制和管理。

(7)安全系统。确保智能座舱系统的安全性和可靠性,包括数据加密、故障诊断和容错机制等。

这种系统架构的设计旨在实现智能化、互联化和个性化的座舱体验,提高驾驶员和乘客的舒适性、便利性和安全性。不同的汽车制造商可能会根据自身的技术实力和产品定位,对系统架构进行差异化设计和优化。

(四)汽车智能座舱的发展阶段

根据汽车自动化程度,汽车智能座舱的发展过程大致可分为四个阶段:电子座舱阶段、智能助理阶段、人机共驾阶段以及智能移动空间阶段。目前汽车智能座舱处于智能助理的初级阶段,随着汽车自动化智能化技术的进一步发展,智能座舱将融合集成自动驾驶能力。

(1)电子座舱阶段。车载人机交互系统逐步整合,组成"电子座舱域",并形成系统分层。车载电子从最初的车载收音机(1924 年)、中央显示屏(2001 年)、车载导航(2006 年)发展至电子座舱域(2018 年),由传统分散的座舱体系逐步发展融合成集合整体,衍生出后续多屏联动、多屏驾驶等复杂座舱功能,催生出座舱域控制器这种域集中式的计算平台。此阶段硬件整合在成本和技术方面具有优势,既能减少功能复杂化后的座舱硬件成本增加,又因集中式方案统一了通信架构,有助于降低设计难度、提高技术效率。

(2)智能助理阶段。应用生物识别技术,促进驾驶员监控设备迭代,增强车辆感知能力。车辆设立独立感知层并升级交互功能,智能座舱通过感知层获取车内视觉(光学)、语音(声学)及其他硬件设施提供的数据,再利用生物识别(如人脸识别、语音识别)来监控车内人员的生理状态和心理状态,做到"理解人"。交互升级包括多种手段并存(从物理按键交互发展至语音、手势交互等),以及通过"视觉""语音"等多模交互发展为智能助理。

(3)人机共驾阶段。在整个乘车场景(上车-行驶-下车)中形成个性化、场景化服务,车辆初步实现自主/半自主决策。随着电子电气架构由分布式 ECU 向域控制器过渡,自动驾驶等级提高,车载信息娱乐系统的算力增强,同时自动驾驶辅助功能增加。车内感知系统(IVS)将对驾驶员状态进行主动提醒,信息显示系统的智能化程度也将提升。基于多种模式的交互手段将融合得更精准和主动,促进座舱域、动力域与底盘域的融合,座舱将变成更加全面的智能助理。

(4)智能移动空间阶段。未来汽车使用场景更加丰富,将涵盖娱乐、生活、附加信息等一系列活动的出行服务,智能网联实现驾乘人员线上线下体验的无缝连接,车辆作为"第三生活空间",带有独特的移动属性,将为消费者带来更加便利的体验。

(五)汽车智能座舱发展趋势

(1)一芯多屏多系统。智能座舱将采用一芯多屏多系统的架构,基于高性能芯片研发,支持一机双屏、一机三屏、一机五屏等多种配置,同时支持多路以太网和多路视频输入输出,满足多样化的座舱市场需求。

(2)大屏多屏化。车载大屏市场快速增长,消费者对大屏需求增加。车企将把多屏和联屏设计作为重要关注点,提供更加科技化、智能化的驾驶体验。

(3)高清化。用户对显示屏幕画质的要求不断提高,包括分辨率、色彩还原度和对比度等方面。车企将采用高清化的座舱显示屏幕,提供更好的视觉体验。

(4)多功能融合。智能座舱将成为集信息、娱乐、互联等多功能于一体的综合性空间,向后排乘客延伸服务范围,成为人们生活中不可或缺的第三生活空间。

(5)"零"按键交互。车内物理按键减少,造型优化,设计更加简洁,有科技感。部分车企将物理按键的相关操作集成进屏幕、智能表面、语音控制、手势交互等方式,打造"零"按键交互的理念。

(6)AR-HUD。AR-HUD 基于增强现实技术,能够为更多的信息提供显示载体,带来更加安全、智能和沉浸式的驾车体验。

(7)个性化。智能座舱将根据用户的偏好和习惯,提供个性化的服务和体验,满足不同用户的需求。

(8)互联化。智能座舱将与外部世界实现更紧密的互联,支持车与车、车与基础设施、车与互联网等多种互联方式,提供更丰富的信息和服务。

(9)清洁座舱。用车之前,通过手机或其他智能设备来对汽车进行通风和消毒处理,实时调节车内空气流通,确保空气始终清新宜人。紫外线杀菌功能进一步为座舱消毒灭菌,为驾乘者打造一个安全、健康的车内空间。清洁座舱功能,让智能座舱成为远离污染的一方净土,带来舒适与安心的驾乘体验。

(10)健康监测。通过先进的传感器技术,它能精准地监测心率、血压等生理指标,让人们随时了解自己的健康动态。在疲劳监测方面,利用摄像头敏锐地捕捉驾驶者的面部特征和眼部状态,一旦发现疲劳迹象,便及时发出警示,有效降低因疲劳驾驶而引发的风险。

(六)智能座舱发展驱动因素

智能座舱的发展驱动力主要来自三个方面:行业及消费需求、技术推动及国家政策的支持。

1.行业及消费需求

汽车产业变革需求,当前汽车产业处于电动化、智能化、网联化等多项变革同期发生的阶段,科技进步推动变革,新变革催生新需求,产业转型带动竞争格局重构。电动汽车兴起后,"软件定义汽车"概念逐渐深入人心,智能座舱与智能驾驶、智能网联成为被广泛认同的未来发展趋势,是汽车产业变革的重要方向之一。

主机厂差异化竞争需求,受限于法律法规与基建发展的滞后,高级别智能驾驶的应用和落地目前停留在辅助驾驶阶段,主机厂因此将更多资源投入到智能座舱领域。智能座舱内涉及的车载信息娱乐系统和座舱域控制器等需满足的车规功能安全等级相对较低,且更容易被车内人员感知,成为现阶段主机厂新的差异化竞争点,各主机厂新车型均将智能座舱的一项或几项功能作为卖点进行宣传。

消费者需求提升,消费者对汽车的需求不再仅仅局限于交通工具的属性,而是越来越注重车内的驾乘体验和智能化功能。智能座舱是中国消费者购买汽车考虑的重要因素,消费者对 HUD、语音交互、人脸识别、手势控制、体征监测等智能座舱创新功能的接受度和需求度很高,消费者需求的提升直接推动了智能座舱的发展。

2.技术推动

芯片技术进步,强大的芯片是智能座舱实现各种功能的基础支撑,芯片算力的不断提升,能够满足智能座舱对数据处理的高要求,支持更复杂的操作系统、多任务处理以及流畅的人机交互界面等。

人机交互技术发展,智能座舱的发展离不开人机交互技术的不断创新,从早期的物理按键,到触摸屏幕,再到语音交互、手势控制、生物识别等多种交互方式的融合,人机交互技术的发展使得用户与座舱之间的交互更加自然、便捷和高效,极大地提升了用户体验。

人工智能与大数据应用,人工智能技术在智能座舱中的应用日益广泛,如自然语言处理用于语音识别与理解,实现更精准的语音交互;机器学习算法可以根据用户的习惯和偏好进行个性化设置和推荐;大数据分析则可以帮助车企更好地了解用户需求,优化智能座舱的功能和服务。

通信技术革新,高速稳定的通信技术是实现智能座舱车联网功能的关键,5G 等新一代通信技术的应用,使得车辆能够与外界进行更快速、低延迟的数据传输,实现车辆与车辆(V2V)、车辆与基础设施(V2I)、车辆与行人(V2P)等之间的互联互通,为智能座舱拓展了更多的应用场景和功能。

3.国家政策支持

汽车强国战略与产业规划引导,在我国汽车强国战略和《中国制造 2025》中,明确倡导智能网联汽车的发展,智能座舱作为智能网联汽车的重要组成部分,享受政策红利。国家出台的《新能源汽车产业发展规划(2021—2025 年)》《智能汽车创新发展战略》等政策文件,也为智能座舱的发展提供了政策支持和引导,推动了相关技术研发、产业布局和标准制定等工作。安全与标准化政策规范,随着智能座舱的发展,信息安全和数据隐私保护问题日益突出,相关政策法规的制定和完善,对智能座舱的网络安全、数据安全等方面提出了明确要求和规范,保障了智能座舱的健康发展。同时,政策也在推动智能座舱相关标准的制定,促进不同企业之间的产品兼容性和互操作性,提升整个产业的发展水平。

四、任务实施

(一)任务描述

收集和整理主流汽车品牌和车型的智能座舱功能搭载信息,分析不同功能在各品牌和车型中的普及程度和差异,总结当前汽车智能座舱功能搭载的整体趋势和特点。

(二)任务步骤

(1)数据收集。确定需要统计的汽车品牌和车型范围,包括国内外知名品牌和热门车型。利用汽车行业网站、论坛、专业评测文章、汽车厂商官方网站等渠道,收集关于智能座舱功能搭载的详细信息,如智能语音控制、多屏交互、抬头显示、车联网、智能驾驶辅助系统等。

(2)数据整理。将收集到的数据进行分类和整理,建立清晰的数据表格,包括品牌、车型、具体功能搭载情况等字段。

(3)数据分析。计算各项功能在不同品牌和车型中的搭载比例,对比不同价格区间、不同级别车型的功能搭载差异,分析功能搭载与车辆定位、目标用户群体的关系。

（4）结果呈现。以图表和文字报告的形式展示统计分析结果，对统计结果进行解读，指出当前智能座舱功能搭载的重点和趋势，以及可能存在的问题或发展空间。

五、任务小结

通过本次任务，对汽车智能座舱有了较为系统和清晰的认知，明确了其包括硬件设备、软件系统以及人机交互方式等重要组成部分。通过完成本次网络统计任务，发现智能座舱的功能不断丰富和创新，除了基本的导航、多媒体娱乐功能外，还具备了智能驾驶辅助信息显示、车辆状态监控、个性化定制等高级功能，极大地提升了驾驶体验和乘坐舒适性。

▌任务二　汽车智能座舱系统的检查与测试

一、任务导入

客户描述车辆无法进行语音识别，技师小王初步判断为车辆人机交互系统故障，需要进一步对人机交互系统进行检测与维修。

二、任务目标

（一）知识目标

（1）了解智能座舱系统的功能分类；
（2）熟悉汽车智能座舱系统功能原理。

（二）技能目标

（1）能够熟练实现智能座舱系统的功能；
（2）能够独立完成智能座舱系统的测试。

（三）素养目标

（1）养成良好的行为规范和职业道德；
（2）培养良好的团队意识及沟通交流能力；
（3）养成善于思考、深入研究等良好的自主学习习惯并培养创新精神。

三、任务咨询

（一）汽车人机交互系统

汽车人机交互系统是指人与汽车之间通过各种技术手段进行信息交互的系统，如图 7-4 所示。它旨在提供更加智能化、便捷和安全的驾驶体验。它主要包括显示界面,如仪表盘、中控屏幕等,用于显示车辆状态、导航信息、娱乐系统等;语音识别,通过语音命令控制车辆功能,如导航、空调、音乐等;触摸控制,通过触摸屏或触摸板进行操作,如调节音量、切换菜单等;手势控制,利用手势识别技术实现某些操作,如挥手开关车窗等。

这些交互方式的目的是让驾驶者更加方便地获取信息和控制车辆,同时减少驾驶者在驾驶过程中的分心,提高行车安全性。随着技术的不断发展,汽车人机交互系统也在不断演进,为驾驶者带来更加丰富的体验。

图7-4　汽车人机交互系统

(二)汽车智能座椅系统

在乘用车上,座椅是与人体接触最多也是最直接的一个部件。一个汽车座舱里可以没有中控屏幕,可以没有加速、制动踏板,甚至可以没有方向盘,但是一定不会没有座椅。在车辆的行车过程中,座椅承担着提升用户体验和保护用户安全的作用。

随着汽车技术的发展,汽车座椅内部出现了更多的电子电气零部件,增加了头枕、安全带、包裹性和支撑性设计。头枕可以固定颈椎,防止汽车追尾时损伤颈椎;安全带可以使身体固定,降低事故出现时对身体造成的惯性伤害;座椅的包裹性和支撑性,使驾驶员在进行快速驾驶时能有一个更加稳定的身体姿态来操作车辆。

自动驾驶领域日渐成熟,汽车座椅催生出一些全新的应用场景,如休闲、娱乐、社交和健康等。传统的座椅控制系统无法满足人们新的需求,更安全、更舒适、智能化及健康化体验将成为未来智能座椅的发展方向。

(三)疲劳驾驶预警系统

疲劳驾驶预警系统是一种用于监测驾驶者疲劳状态并发出预警的装置。它通过检测驾驶者的生理或行为特征,判断其是否出现疲劳,并在必要时提醒驾驶者休息或采取其他措施,以减少疲劳驾驶导致的交通事故风险。

常见的疲劳驾驶预警系统采用以下技术手段:

(1)驾驶员状态监测。通过摄像头、传感器等设备监测驾驶员的面部表情、眼睛状态、头部动作等,判断其是否出现疲劳迹象,如频繁眨眼、打哈欠、点头等。

(2)车辆行驶数据分析。分析车辆的行驶速度、加速度、方向盘转角等数据,判断驾驶员的驾驶行为是否异常,如频繁变道、急刹车等。

（3）心率和呼吸监测。使用心率监测器或呼吸传感器来检测驾驶员的生理状态，疲劳时心率和呼吸可能会出现变化。

（4）驾驶时间记录。记录驾驶员的连续驾驶时间，在达到一定时间后发出预警。

（四）流媒体后视镜系统

流媒体后视镜系统是一种利用数字视频技术来显示车辆后方实时画面的后视镜系统。与传统的光学后视镜相比，流媒体后视镜具有以下优点：

（1）广阔的视野。通过安装在车辆后方的摄像头，流媒体后视镜可以提供更广阔的视野，消除了传统后视镜的盲区。

（2）清晰的图像。数字信号传输和处理使得后视图像更加清晰，尤其在恶劣天气或低光照条件下。

（3）抗干扰性强。不受车内乘客或物品的遮挡影响，提供稳定的后视画面。

（4）集成其他功能。一些流媒体后视镜系统还可能集成倒车影像、盲区监测、预警提示等功能。

流媒体后视镜系统的工作原理是将摄像头采集的视频信号传输到车内的显示屏上，驾驶者可以通过观察显示屏来了解车辆后方的情况。这种系统通常需要配备高清晰度的摄像头和快速的数据传输技术，以确保实时显示和流畅的图像。

（五）车内智能灯光系统

车内智能灯光系统是一种利用先进的传感器、控制器和光源技术，为汽车内部提供个性化、便捷化和安全化照明的智能系统。它能够根据不同的驾驶场景、用户需求和环境变化自动调整灯光颜色、亮度和模式，营造出舒适的驾乘氛围，同时也为行车安全提供辅助。灯光的颜色和亮度还可以随着音乐的节奏而变化，打造出沉浸式的视听体验。当播放动感的音乐时，灯光会闪烁跳动，与音乐完美同步，让车内瞬间变成一个小型的移动派对场所。

随着科技的不断进步，车内智能灯光系统将朝着更加个性化、智能化和人性化的方向发展。

（1）与人工智能的融合。未来的车内智能灯光系统将与人工智能技术相结合，通过学习用户的习惯和喜好，自动为用户提供最适合的灯光方案。例如，系统可以根据用户的驾驶风格、音乐品味和心情等因素，自动调整灯光颜色和亮度，打造出独一无二的驾乘体验。

（2）与智能座舱的协同。车内智能灯光系统将与智能座舱的其他功能进行协同，实现更加全面的智能化体验。例如，与座椅按摩、空气净化等功能相结合，根据不同的场景和需求，自动调整灯光效果，营造出更加舒适和健康的驾乘环境。

（3）创新的灯光设计。未来的车内智能灯光系统将在设计上更加创新和多样化。例如，采用可变形的灯光面板、投影技术等，为驾乘者带来更加震撼的视觉效果。同时，也可以将灯光与车内装饰相结合，打造出更加个性化的车内空间。

四、任务实施

(一)任务描述

通过汽车智能座舱系统的检查流程和测试,让学生熟悉汽车智能座舱系统的组成结构和工作原理,培养学生解决实际问题的能力和团队协作精神。

(二)任务步骤

(1)任务准备。配备智能座舱系统的汽车。

(2)理论讲解。介绍汽车智能座舱系统的组成部分,包括显示屏、音响系统、座椅调节系统、空调控制系统、智能驾驶辅助系统等,讲解各部分的工作原理和相互之间的通信方式。

(3)基础检查。外观检查:检查座舱内各部件的外观是否有损坏、磨损或松动;电源检查:检查电源连接是否正常,电压是否稳定;线路检查:检查各部件之间的连接线路是否导通,有无短路或断路现象。

(4)功能测试。显示屏测试:检查显示屏的显示效果、触摸灵敏度、分辨率等;音响系统测试:测试音响的音质、音量调节、声道平衡等功能;座椅调节系统测试:测试座椅的前后、上下、靠背角度调节是否顺畅,记忆功能是否正常;空调控制系统测试:测试空调的制冷、制热效果,温度调节、风速调节、风向控制等功能;智能驾驶辅助系统测试:测试如自适应巡航、自动泊车、车道保持等功能是否正常。

五、任务小结

本次任务旨在对汽车智能座舱系统进行全面的检查与测试,以确保其功能正常、性能稳定,并能为驾乘人员提供优质的体验。通过这次任务,我们不仅熟悉了汽车智能座舱系统的检查与测试流程,还积累了宝贵的经验。同时,也认识到在智能座舱系统的维护和优化方面,还有很大的提升空间。未来,我们需要不断学习和掌握新的技术和方法,以更好地应对日益复杂和多样化的智能座舱系统的检查与测试需求。

任务三 智能网联汽车信息交互系统

一、任务导入

随着科技的飞速发展和人们对出行体验要求的不断提高,智能网联汽车正逐渐成为汽车行业的发展趋势。信息交互系统作为智能网联汽车的核心组成部分,承担着车辆与外部环境、车辆内部各部件以及驾乘人员之间信息传递和处理的重要任务。它不仅能够提高驾驶安全性和舒适性,还能为用户提供丰富的娱乐和服务功能。

二、任务目标

(一)知识目标

(1)了解智能网联汽车车载信息系统的概念;

(2)了解数据云平台及 OTA 技术;

(3)了解智能网联汽车信息安全技术。

(二)技能目标

(1)能够掌握车载信息系统的构成及连接方式;

(2)能够独立完成智能网联汽车控制器 OTA 升级。

(三)素养目标

(1)养成良好的行为规范和职业道德;

(2)培养良好的团队意识及沟通交流能力;

(3)养成善于思考、深入研究等良好的自主学习习惯并培养创新精神。

三、任务咨询

(一)车载信息系统概述

车载信息系统(In-Vehicle Infotainment)是基于计算机、卫星定位、网络及通信、电子测量及控制等技术,为汽车提供控制、安全、环保及舒适、娱乐性功能和信息服务的软硬件系统。

车载信息系统可以划分成 4 个层面,从高到低依次是客户层、服务层、通信层和车载层。

车载信息系统主要包括以下一些功能:仪表及信息显示;车辆监控及远程访问与故障诊断;计算机网络通信及远程服务支持;定位导航及位置服务。这些交互方式的目的是让驾驶者更加方便地获取信息和控制车辆,同时减少驾驶者在驾驶过程中的分心,提高行车安全性。随着技术的不断发展,汽车人机交互系统也在不断演进,为驾驶者带来更加丰富的体验。

(二)车载通信系统

车载通信技术和系统是实现汽车运用信息化、智能化的重要基础。车载通信一般包括车上装置间以及近距离的无线通信、局域车车直接通信、车与陆基设施的通信、卫星通信,以及基于无线移动网络实现的互联网通信。一些车载通信方式可以与车上的电子系统连接,尤其是通过总线网关与车载网络连接,进而实现与车载网络上连接的各种车辆控制及信息系统节点传输信息。

车载通信系统具有以下功能特点：

（1）车辆与外部通信。车联网通信：车载通信系统通过与互联网连接，实现车辆与外部世界的信息交互。车辆可以接收实时交通信息、天气预报、路况预警等，帮助驾驶员做出更明智的决策。同时，车辆也可以将自身的状态信息上传至云端，为交通管理部门提供数据支持，优化交通流量。

（2）车内通信。允许驾驶员和乘客将手机、平板电脑等设备与车载系统进行连接，实现音乐播放、电话接听、导航等功能。蓝牙连接方便快捷，无需使用线缆，提高了车内的整洁度和使用便利性。此外，部分车载通信系统提供 Wi-Fi 热点功能，使车内乘客可以连接互联网，进行工作、娱乐和信息查询等活动。这对于长途旅行或需要在车内使用移动设备的用户来说非常实用。

（3）安全与紧急救援。在发生紧急情况时，车辆可以自动或手动触发紧急呼叫系统，向紧急救援中心发送车辆的位置信息和事故情况。这有助于救援人员快速准确地到达事故现场，提高救援效率，减少人员伤亡。此外，车载通信系统可以与车辆的防盗系统相结合，通过远程监控和控制，提高车辆的安全性。例如，当车辆被盗时，车主可以通过手机 APP 远程锁定车辆、启动警报器，并跟踪车辆的位置，协助警方找回被盗车辆。

（三）智能网联汽车数据云平台及 OTA

智能网联汽车数据云平台是一个用于存储、管理和分析智能网联汽车产生的数据的云端平台，如图 7-5 所示。它可以收集车辆的各种信息，如位置、速度、故障代码、驾驶行为等，并通过数据分析为车辆制造商、车队运营商和车主提供有价值的洞察。

图 7-5　智能网联汽车数据云平台

OAT(Over the Air Technology)即空中下载技术，是指通过无线网络对智能网联汽车的软件和固件进行远程更新和管理。这使得车辆可以在不需要到维修店的情况下，随时接收新的功能、修复漏洞或提升性能。

智能网联汽车数据云平台和 OAT 结合起来，可以实现以下功能：

（1）车辆健康监测。通过实时分析车辆数据，提前发现潜在问题并进行预警，提高车辆的可靠性和安全性。

（2）远程诊断和维修。利用云平台的大数据分析能力,远程诊断车辆故障,并通过 OAT 进行软件修复,减少维修成本和时间。

（3）个性化服务。根据驾驶者的习惯和偏好,通过云平台提供个性化的导航、音乐、气候控制等服务。

（4）数据驱动的创新。车辆制造商可以利用云平台上的大量数据进行研发和创新,改进车辆设计和功能。

（四）智能网联汽车信息安全

智能网联汽车信息安全(见图 7-6)是随着汽车智能化和网联化发展而产生的重要问题。由于智能网联汽车涉及大量的传感器、通信模块和软件系统,可能面临着多种信息安全威胁,如黑客攻击、数据窃取、车辆被远程控制等。同时,政府和行业也在制定相关的标准和法规,加强对智能网联汽车信息安全的监管和规范。此外,科研机构和企业也在不断投入研发力量,探索更加先进的信息安全技术和解决方案。智能网联汽车的信息安全不仅关系到个人的隐私和安全,也关系到整个交通系统的稳定和正常运行。保障信息安全需要各方共同努力,形成合力。

图 7-6　智能网联汽车信息安全

智能网联汽车面临着多种信息安全风险,主要包括以下几类。

（1）移动段安全。智能汽车的手机端 App 可能存在各种安全漏洞,如 SQL 注入漏洞,黑客可以利用这些漏洞获取 App 的数据库权限,窃取用户的个人信息,如账号、密码、车辆控制权限等;Root 风险是指黑客可能通过获取手机的 Root 权限,突破手机系统的安全限制,从而更方便地对与车辆相关的 App 进行攻击。

（2）通信安全。攻击者可以通过网络远程攻击智能网联汽车的通信链路。例如,利用 HTTPS、网络路由协议等远程通信的漏洞,发起中间人攻击,拦截和篡改车辆与云端或其他设备之间的通信数据,使车辆接收到错误的指令或信息;进行消息篡改,改变通信内容,误导车辆系统;发动重放攻击,重复发送之前的有效消息,干扰车辆正常运行;实施窃听,获取车辆的敏感信息。

(3)车端安全。车端的电子控制单元(ECU)可能成为被攻击的目标,黑客一旦入侵 ECU,就有机会篡改车辆的控制逻辑和参数,严重影响车辆性能和驾驶安全。车载软件更新系统若存在漏洞,恶意软件可能趁机而入,窃取敏感信息或干扰车辆功能。因此,加强车端信息安全防护至关重要,需要不断提升车端系统的安全性和抗攻击能力,以保障智能网联汽车的安全运行。

(4)云端安全。云端的 Web 应用可能存在 SQL 注入、跨站点脚本和跨站请求伪造等漏洞,让黑客有机会获取或篡改车辆及用户数据,甚至控制车辆操作。中间件的安全漏洞可能被黑客利用来渗透云端系统,进而威胁车辆安全。移动应用与云端交互带来的安全问题,可能导致黑客通过移动渠道入侵云端,影响车辆。云服务提供商的安全措施不完善,可能使攻击者获取车辆控制接口,进行未经授权的操作,还可能让云端成为恶意软件的传播途径。因此,强化云端信息安全防护,对于保障智能网联汽车的整体安全至关重要。

四、任务实施

(一)任务描述

通过汽车信息交互系统的硬件连接和软件配置方法,让学生了解智能网联汽车信息交互系统的组成和工作原理,培养学生的团队协作和创新能力。

(二)任务步骤

(1)任务准备。智能网联汽车教学实训平台,包括车辆、信息交互系统硬件设备等。

(2)理论讲解。介绍智能网联汽车信息交互系统的概念、作用和发展趋势,详细讲解系统的组成部分,如传感器、控制器、通信模块等的工作原理。

(3)硬件连接。在教师指导下,按照规范连接信息交互系统的硬件设备,如传感器与控制器的连接、通信模块的安装等。

(4)软件配置。安装和配置信息交互系统所需的软件,如驱动程序、通信协议等。设置系统参数,如通信频率、数据传输格式等。

(5)功能测试。启动信息交互系统,测试各项功能,记录测试结果,分析系统性能。

五、任务小结

本次智能网联汽车信息交互系统任务旨在深入探究和实践该系统的相关技术与应用。首先对智能网联汽车信息交互系统的基本架构和工作原理进行了全面的学习和理解,这包括传感器收集数据、控制器处理信息、通信模块传输数据等关键环节。通过本次任务,我们在智能网联汽车信息交互系统方面积累了丰富的经验,提升了技术能力。但我们也认识到,这一领域仍在不断发展,需要持续学习和探索,以适应未来汽车智能化的发展需求。

▶**实训工单六**

1.智能座舱系统的检查与测试

任务名称	智能座舱系统的检查与测试	学　时		班　级	
学生姓名		学生学号		任务成绩	
实训设备、工具及仪器	智能网联汽车、工具箱、安全防护用品	实训场地		日期	
任务描述	本任务实施主要是加强对智能网联汽车智能座舱系统检查与测试,通过任务实施、评价及反馈,帮助学生查找问题,理论结合实践,夯实培养质量				
任务目的	掌握汽车智能座舱系统的检查与测试				
任务步骤	任务要点		实施记录		
任务准备	1.更换实训服,佩戴劳保用品; 2.严禁非专业人员或无教师在场的情况下私自对部件进行操作; 3.实训过程中需要至少两人配合完成		是否完成:是□　否□		
工具准备	智能网联汽车、工具箱、安全防护用品				
车辆基础检查	1.检查智能网联实训车是否平稳放置; 2.检查智能网联实训车是否能够整车上下电		是否完成:是□　否□ 是否完成:是□　否□		
语音交互系统测试	1.可通过用户语音命令实现车辆控制,您可以通过"你好,深蓝"唤醒语音助手,开启车内语音体验; 2.自定义唤醒词,中控大屏上点击设置 →语音→自定义唤醒词,设置成功后,可以通过自行定义的唤醒词,唤醒语音助手; 3.通过语音开启或控制音乐; 4.通过语音控制空调; 5.通过语音控制车窗开闭或车窗开度; 6.通过语音控制行车记录仪的开启与关闭; 7.语音控制座椅加热		是否完成:是□　否□ 是否完成:是□　否□ 是否完成:是□　否□ 是否完成:是□　否□ 是否完成:是□　否□ 是否完成:是□　否□ 是否完成:是□　否□		

续表

操作完毕	实训设备、工具及资料整理,场地清洁	
任务总结	智能座舱系统的检查与测试总结:	

评 价 表				
项 目	评价指标	自 评		互 评
专业技能	正确进行智能座舱系统的检查与测试	合格□ 不合格□	合格□ 不合格□	
	按照任务要求完成作业内容	合格□ 不合格□	合格□ 不合格□	
	完整填写工单	合格□ 不合格□	合格□ 不合格□	
工作态度	着装规范,符合职业要求	合格□ 不合格□	合格□ 不合格□	
	正确查阅相关资料和学习资料	合格□ 不合格□	合格□ 不合格□	
	目标明确,独立完成	合格□ 不合格□	合格□ 不合格□	
个人反思	完成任务的安全、质量、时间和 5S 要求,是否达到最佳程度,请提出个人改进建议			
教师评价	教师签字: 　年　月　日	合格□ 不合格□	合格□ 不合格□	
		合格□ 不合格□	合格□ 不合格□	

（评价反思）

项目八　智能网联汽车整车检查与维护

▶任务一　外观及座舱检查与维护

一、任务导入

车载在生产或运输的过程中,难免会发生车身的碰擦或车内零部件装配不到位的问题,面对这些可能出现的问题,我们应该用什么样的流程去进行检查和维护,接下来的课程,我们一起来学习。

二、任务目标

(一)知识目标

(1)掌握外观及座舱检查与维护的流程;
(2)掌握外观及座舱检查项目及要点。

(二)技能目标

(1)能够通过工单完成整车外观及座舱检查;
(2)能够准确描述整车外观及座舱检查的问题点。

(三)素养目标

(1)鼓励学生主动思考问题,积极提出新的观点和想法,培养学生的创新意识;
(2)促进学生在不同学科领域之间建立联系,培养他们跨学科的思考能力;
(3)激发学生的内在学习动机,培养学生主动探索知识、解决问题的能力。

三、任务咨询

(一)整车外观检查

整车外观检查是整车 PDI 流程中的一个重要环节,以下是一些常见的外观检查项目和要点：

(1)车身表面：检查车身是否有划痕、凹陷、掉漆等损伤。

(2)车漆颜色：检查车漆是否均匀，有无色差。

(3)车窗和玻璃：检查车窗是否完整，玻璃是否有裂纹或划痕。

(4)轮毂和轮胎：检查轮毂是否有损伤，轮胎是否有磨损、划伤或气压不足等问题。

(5)车灯：检查大灯、尾灯、转向灯等是否正常工作，灯罩是否有裂纹或污渍。

(6)车辆标识：检查车辆标识、车牌等是否安装牢固、清晰可见。

(7)密封条和雨刮器：检查密封条是否完好，雨刮器是否正常工作。

(8)后视镜和天线：检查后视镜和天线是否完好，位置是否正确。

在进行外观检查时，检查人员应仔细观察并记录任何发现的问题，及时进行修复或更换。此外，还可以借助工具如手电筒、量具等来辅助检查。外观检查不仅关乎车辆的美观，也直接影响客户对车辆的第一印象和满意度。

(二)整车驾驶舱功能检查

整车驾驶舱功能检查是确保车辆内饰和各项功能正常的重要步骤，通常包括以下检查项目：

(1)座椅和安全带：检查座椅的调整、舒适度和外观，确保安全带功能正常。

(2)方向盘和转向系统：检查方向盘的操作灵活性，转向系统是否正常。

(3)仪表盘和指示灯：检查仪表盘显示是否清晰，各种指示灯是否正常工作。

(4)中控台和车载娱乐系统：测试中控屏、音响、导航等功能是否正常。

(5)空调和通风系统：检查空调制冷、制热效果，以及通风系统是否正常工作。

(6)车窗和门锁：测试车窗升降、门锁开关等功能。

(7)后视镜和倒车雷达/影像：检查后视镜调节和成像效果，测试倒车雷达/影像是否工作正常。

(8)灯光系统：检查车内照明、顶灯、化妆镜灯等是否正常。

(9)喇叭和告警系统：测试喇叭和告警系统的工作情况。

在进行驾驶舱功能检查时，需要仔细操作每个功能，并注意观察是否有异常声音、异味或故障现象。如果发现问题，应及时进行维修或更换，以确保车辆的安全性和舒适性。

四、任务实施

(一)任务描述

本任务旨在对车辆的外观和座舱进行全面、细致的检查与维护，以确保车辆的良好状态和驾乘舒适性。外观检查方面，包括但不限于车身漆面有无划痕、凹陷、锈蚀，车窗和车灯是否完好、清洁,轮胎磨损及气压情况,车门、引擎盖和后备箱的开合是否顺畅,等等。座舱检查涵盖座椅的调节功能和舒适度,内饰是否有破损、污渍,仪表盘显示是否正常,空调系统制冷制热效果,音响设备、车窗升降器等电子设备的工作状态,以及安全带的性能等。

(二)任务步骤

(1)任务准备。实训车辆,清洁工具,检测工具,维修工具。

(2)理论讲解。介绍车辆外观和座舱的各个组成部分及其功能,讲解外观和座舱常见问题及检查维护的重点。

(3)外观检查与维护。分组对车辆外观进行检查,记录发现的问题,如漆面损伤、划痕、锈蚀等,检查轮胎状况,包括磨损、气压等。

(4)座舱检查与维护。检查座舱内的座椅、内饰、仪表盘、中控台等部件的状况,检查电子设备,如音响、空调、车窗升降器等的工作情况。

五、任务小结

在本次实训中,认真进行了车辆外观及座舱的检查与维护。外观方面,细致查看漆面、轮胎、车窗、车灯等,及时发现细微瑕疵。座舱内,全面检查座椅和安全带、中控台及娱乐系统、车窗及门锁系统、灯光系统等。通过实训,熟练掌握了检查流程和维护技巧,增强了实际操作能力,为今后工作打下坚实基础。

任务二　前机舱检查与维护

一、任务导入

车辆前机舱安装有车辆非常重要的部件,前机舱的检查与维护是车辆日常维护保养的重要部分。

二、任务目标

(一)知识目标

(1)了解智能网联汽车前机舱的线束与部件;

(2)掌握智能网联汽车前机舱的检查方法。

(二)技能目标

(1)了解智能网联汽车前机舱检查的流程;

(2)能够对智能网联汽车前机舱进行检查;

(3)能够对智能网联汽车前机舱进行维护。

(三)素养目标

(1)鼓励学生主动思考问题,积极提出新的观点和想法,培养学生的创新意识;

(2)促进学生在不同学科领域之间建立联系,培养他们跨学科的思考能力;

(3)激发学生的内在学习动机,培养学生主动探索知识、解决问题的能力。

三、任务咨询

(一)智能网联汽车前机舱线束检查

智能网联汽车前机舱线束检查是确保车辆电气系统正常运行的重要环节,以下是一些常见的检查步骤。

1.外观检查

检查线束的外观是否有破损、磨损、划伤或烧焦的痕迹。

查看线束的固定是否牢固,线束是否有松动或脱落的现象。

检查线束的连接器是否有松动、腐蚀或损坏的情况。

2.线路连接检查

确保线束的连接器正确连接,无松动或接触不良的情况。

检查线束的插头和插座是否匹配,插针是否弯曲或损坏。

对于一些关键的连接部位,如电池正极、负极连接,电机连接等,要特别注意检查连接的紧固性和可靠性。

3.绝缘检查

使用绝缘测试仪检查线束的绝缘性能,确保线束的绝缘层没有破损或老化,避免出现短路的情况。

重点检查线束在经过高温、潮湿或振动等环境后,绝缘性能是否依然良好。

4.功能检查

启动车辆,检查车辆的各种电器设备是否正常工作,如大灯、转向灯、雨刮器、喇叭等。

观察电器设备工作时,线束是否有异常发热或冒烟的现象。

5.防水检查

检查线束经过的部位是否有良好的防水措施,特别是在发动机舱内,线束容易受到水和湿气的影响。

查看线束的连接器和接口处是否有密封胶或防水套,确保其防水性能良好。

6.整理和清洁

对线束进行整理,使其布局合理,避免线束过度弯曲或拉扯。

清洁线束表面的灰尘和污垢,保持线束的清洁和干燥。

在进行前机舱线束检查时,需要注意安全,避免在车辆运行时进行检查。如果发现线束存在问题,应及时进行维修或更换,以确保车辆的正常运行和安全性。

(二)智能网联汽车前机舱部件检查

智能网联汽车的前机舱部件检查与传统汽车有一些相似之处,同时也有一些针对其智能化和网联化特点的特殊检查项目。以下是智能网联汽车前机舱部件检查的主要内容。

1.传统部件检查

(1)发动机油检查:方法与传统汽车相同,检查机油液位、颜色和质地。

(2)冷却液检查:检查冷却液液位、颜色和状态。

(3)制动液检查:查看制动液液位、颜色和透明度。

(4)空气滤清器检查:检查空气滤清器的清洁程度和是否有损坏。

(5)电池检查:检查电池外观、端子连接情况以及电压。

(6)皮带检查:检查皮带的张紧度和表面状况。

(7)发动机部件检查:检查发动机的各种管路是否有泄漏,发动机外观是否有漏油、漏水迹象,倾听发动机运转声音是否正常。

2.智能化部件检查

(1)传感器检查:检查各类传感器(如温度传感器、压力传感器、位置传感器等)的连接是否牢固,外观是否有损坏,工作是否正常。可以通过车辆的自诊断系统读取传感器的工作数据,判断其是否在正常范围内。

(2)摄像头和雷达检查:对于配备了自动驾驶辅助系统的车辆,检查前机舱内的摄像头和雷达传感器的外观是否有损坏、污垢或遮挡。清洁传感器表面,确保其正常工作。

(3)控制单元检查:检查发动机控制单元(ECU)、变速器控制单元(TCU)等电子控制单元的连接是否牢固,线束是否有破损。查看控制单元是否有故障代码,如有需要进行相应的维修或清除。

(4)线束检查:除了检查线束的外观、连接和绝缘情况外,还要特别注意智能网联相关线束的完整性和信号传输是否正常。可以使用专用的检测设备对线束进行导通性和信号强度测试。

3.网联化部件检查

(1)通信模块检查:检查车辆的通信模块(如车联网模块、蓝牙模块等)的工作状态。确保模块的天线连接良好,信号强度正常。可以通过车辆的信息娱乐系统或专用的诊断工具检查通信模块的功能是否正常。

（2）数据接口检查：检查车辆的车载诊断（On Board Diagnostics，OBD）接口和其他数据接口的连接情况，确保接口无损坏、腐蚀或异物堵塞。

四、任务实施

（一）任务描述

本次任务主要完成智能网联汽车前机舱的检查与维护，主要包括线束检查和部件检查两个部分。

（二）任务步骤

1.智能网联汽车前机舱线束检查

（1）外观检查。

（2）线路连接检查。

（3）绝缘检查。

（4）功能检查。

（5）防水检查。

2.智能网联汽车前机舱部件检查

（1）传统部件检查。

（2）智能化部件检查。

（3）网联化部件检查。

五、任务小结

通过本次任务，对智能网联汽车前机舱进行检查与维护，在进行智能网联汽车前机舱部件检查时，建议使用专业的诊断设备和工具，遵循车辆制造商的维修手册和操作指南。如果发现任何问题或异常，应及时进行维修或更换部件，以确保车辆的安全性和可靠性。同时，定期进行前机舱部件检查可以帮助提前发现潜在问题，延长车辆的使用寿命。

▶ 任务三　底盘检查与维护

一、任务导入

车辆底盘是车辆行驶的执行机构，对车辆的安全非常重要，车辆的底盘要进行定期的检查与维护。

二、任务目标

(一)知识目标

(1)了解智能网联汽车底盘组成部件;

(2)掌握智能网联汽车传动系统的检查方法;

(3)掌握智能网联汽车制动系统的检查方法。

(二)技能目标

(1)能够完成智能网联汽车底盘检查维护的流程;

(2)能够对智能网联汽车底盘进行检查;

(3)能够对智能网联汽车底盘进行维护。

(三)素养目标

(1)鼓励学生主动思考问题,积极提出新的观点和想法,培养学生的创新意识;

(2)促进学生在不同学科领域之间建立联系,培养他们跨学科的思考能力;

(3)激发学生的内在学习动机,培养学生主动探索知识、解决问题的能力。

三、任务咨询

(一)智能网联汽车传动系统的检查与维护

汽车传动系统的检查与维护是确保汽车正常运行和安全性的重要环节。以下是一些常见的汽车传动系统检查与维护的内容和方法。

1.离合器检查与维护

(1)踏板行程检查:检查离合器踏板的自由行程是否符合车辆制造商的规定。自由行程过大可能导致离合器分离不彻底,过小则可能导致离合器打滑。

(2)踏板感觉检查:踩下离合器踏板,感受踏板的阻力和回弹情况。如果踏板感觉沉重或回弹缓慢,可能是离合器液压系统或机械部件存在问题。

(3)离合器磨损检查:对于手动变速器车辆,可以通过检查离合器从动盘的磨损情况来判断离合器的使用寿命。一般来说,从动盘磨损到极限时需要更换。

(4)液压系统检查:检查离合器液压系统的油液液位和油质,确保油液充足且无泄漏。同时,检查液压管路和接头是否紧固,无松动和损坏。

2.变速器检查与维护

(1)油液检查:检查变速器油的液位和油质。液位应在油尺的上下限之间,油质应清澈,无异味和杂质。如果油液液位过低或油质变差,应及时更换变速器油。

(2)换挡操作检查:在车辆静止状态下,进行换挡操作,检查换挡是否顺畅,有无卡滞或异响。同时,检查变速器挡位指示灯是否显示正常。

(3)变速器外观检查:检查变速器的外壳是否有漏油、裂缝或损坏的迹象。如果发现漏油或损坏,应及时进行维修。

3.传动轴检查与维护

(1)传动轴连接检查:检查传动轴与变速器和驱动桥的连接是否牢固,万向节是否灵活,无卡滞和异响。

(2)传动轴平衡检查:如果传动轴出现不平衡,会导致车辆振动和噪声增加。可以通过专业的动平衡设备检查传动轴的平衡情况,并进行相应的调整。

(3)传动轴外观检查:检查传动轴的轴管是否有弯曲、裂纹或损坏的情况。同时,检查传动轴的防尘套是否完好,有无破损和漏油。

4.差速器检查与维护

(1)差速器油液检查:检查差速器油的液位和油质,确保油液充足且无泄漏。差速器油的更换周期一般较长,但也需要根据车辆的使用情况和制造商的建议进行定期更换。

(2)差速器工作检查:在车辆行驶过程中,注意倾听是否有异常噪声和振动。如果差速器出现故障,可能会导致车辆行驶不稳定或转向困难。

5.驱动桥检查与维护

(1)驱动桥油液检查:检查驱动桥油的液位和油质,与差速器油液检查类似。

(2)驱动桥外观检查:检查驱动桥的外壳是否有漏油、裂缝或损坏的迹象。同时,检查驱动桥的半轴和轮毂轴承是否正常,有无松动和异响。

总之,汽车传动系统的检查与维护需要定期进行,以确保传动系统的正常运行和车辆的安全性。如果在检查过程中发现任何问题,应及时进行维修或更换相关部件。同时,建议车主按照车辆制造商的保养手册进行定期保养,以延长车辆的使用寿命。

(二)智能网联汽车制动系统的检查与维护

制动系统是汽车安全的关键部分,以下是制动系统的检查与维护内容。

1.制动踏板检查

(1)踏板行程:检查制动踏板的行程是否正常,一般来说,踏板行程过大可能表示制动系统存在问题,如制动片磨损、制动液泄漏等。

(2)踏板感觉:踩下制动踏板时,感受踏板的阻力是否均匀,有无异常的松软或沉重感。

(3)踏板高度:确保制动踏板在未踩下时处于适当的高度,且在松开踏板后能完全回位。

2.制动液检查

(1)液位:检查制动液储液罐内的液位,液位应在储液罐的上限和下限之间。如果液位过低,应及时添加制动液,并检查是否有泄漏情况。

(2)油质:观察制动液的颜色和透明度。正常的制动液应该是清澈的,如果制动液变黑或浑浊,可能表示制动液已经变质,需要更换。

3.制动片检查

(1)厚度:通过检查制动片的厚度来判断其磨损程度。一般来说,制动片的磨损极限会在制动片上有标记,当制动片的厚度接近或达到磨损极限时,应及时更换。

(2)磨损均匀性:检查制动片的磨损是否均匀,如果制动片出现偏磨现象,可能是制动系统存在问题,如制动卡钳故障等。

4.制动盘检查

(1)磨损情况:检查制动盘的表面是否有磨损、划伤或裂纹。如果制动盘的磨损超过规定限度,应及时更换。

(2)平整度:使用直尺或百分表检查制动盘的平整度,如制动盘不平整,可能会导致制动抖动和噪声,需要进行修复或更换。

5.制动卡钳检查

(1)密封性:检查制动卡钳的活塞密封圈是否完好,有无泄漏制动液的情况。

(2)灵活性:检查制动卡钳的活动部件是否灵活,有无卡滞现象。

6.制动管路检查

(1)泄漏:检查制动管路是否有泄漏制动液的情况,特别是在管路的连接处和弯曲部位。

(2)老化:检查制动管路的橡胶部分是否有老化、开裂的现象,如果发现问题,应及时更换管路。

7.手刹检查

拉起手刹时,检查手刹的行程是否合适,手刹是否能够有效制动车辆。

放下手刹后,检查手刹是否能够完全松开,车辆是否能够正常行驶。

定期对制动系统进行检查和维护是确保汽车行驶安全的重要措施。按照汽车制造商的建议定期进行制动系统的检查和维护,一般情况下,制动片和制动盘的检查和更换周期会根据车辆的使用情况和驾驶习惯而有所不同,通常在$(2\sim3)\times10^4$ km或2~3年左右进行一次检查和更换。制动液的更换周期一般为 2~3 年或$(4\sim6)\times10^4$ km。同时,如果发现制动系统存在异常情况,如制动踏板行程过长、制动异响、制动跑偏等,应及时到专业的汽车维修店进行检查和维修。

四、任务实施

(一)任务描述

本次任务主要完成智能网联汽车底盘检查与维护,主要包括传动系统的检查和制动系统的检查两个部分。

(二)任务步骤

1.智能网联汽车传动系统的检查与维护

(1)离合器检查与维护。

(2)变速器检查与维护。

(3)传动轴检查与维护。

(4)差速器检查与维护。

(5)驱动桥检查与维护。

2.智能网联汽车制动系统的检查与维护

(1)制动踏板检查。

(2)制动液检查。

(3)制动片检查。

(4)制动盘检查。

(5)制动卡钳检查。

(6)制动管路检查。

(7)手刹检查。

五、任务小结

总之,汽车底盘的检查与维护需要定期进行,以确保传动系统的正常运行和车辆的安全性。如果在检查过程中发现任何问题,应及时进行维修或更换相关部件。同时,建议车主按照车辆制造商的保养手册进行定期保养,以延长车辆的使用寿命。

▶**实训工单七**

1.外观及座舱检查与维护

任务名称	外观及座舱检查与维护	学　时		班　级	
学生姓名		学生学号		任务成绩	
实训设备、工具及仪器	智能网联汽车、工具箱、安全防护用品	实训场地		日　期	
任务描述	本任务实施主要是学生熟练掌握汽车外观及座舱检查与维护的流程和方法;培养学生注重细节、严谨认真的工作态度;提高学生发现和解决汽车外观及座舱问题的能力				
任务目的	掌握汽车外观及座舱检查与维护的流程和方法				
任务步骤	任务要点		实施记录		
任务准备	1.更换实训服,佩戴劳保用品; 2.严禁非专业人员或无教师在场的情况下私自对部件进行操作; 3.实训过程中需要至少两人配合完成		是否完成:是□　否□		
工具准备	智能网联汽车、工具箱、安全防护用品				
车辆外观检查	1.车身漆面,无划伤、磕碰、掉漆、色差等现象,漆面光滑平整,无橘皮、流挂等缺陷;		是否完成:是□　否□		
	2.车窗玻璃,无裂纹、划痕、气泡,玻璃升降顺畅,无异响;		是否完成:是□　否□		
	3.车灯,外观无损坏、裂纹,灯光正常亮起,亮度和颜色均匀;		是否完成:是□　否□		
	4.轮胎与轮毂,轮胎无磨损、划伤、鼓包;轮毂无划伤、磕碰;轮胎气压正常;		是否完成:是□　否□		
	5.车辆标识与装饰条,车标、车型标识清晰完整,装饰条安装牢固,无松动、变形;		是否完成:是□　否□		
	6.车门与后备箱,开关顺畅,无异响,密封良好,无漏水、漏风现象		是否完成:是□　否□		
车辆座舱检查	1.座椅,检查座椅表面是否有磨损、污渍、破损;调节座椅的前后、高低、靠背角度等功能,查看是否顺畅、无异响;检查座椅的加热、通风等功能(如有)是否正常;		是否完成:是□　否□		
	2.仪表盘及中控台,检查仪表盘的显示是否清晰、准确,有无故障指示灯亮起;操作中控台的各种按键、旋钮和触摸屏,检查功能是否正常响应;查看中控台表面是否有划痕、污渍;		是否完成:是□　否□		

续表

车辆座舱检查	3.方向盘,检查方向盘的表面是否有磨损、污渍,按键功能是否正常;转动方向盘,检查是否灵活、无卡顿;	是否完成:是□ 否□
	4.内饰板及顶棚,检查车门内饰板、仪表台内饰板、A/B/C柱内饰板等是否有松动、变形、划伤、污渍;查看顶棚是否干净、无污渍、脱落;	是否完成:是□ 否□
	5.地毯及脚垫,检查地毯是否干净、无破损、异味;查看脚垫是否安装牢固、无滑动	是否完成:是□ 否□
操作完毕	实训设备、工具及资料整理,场地清洁	
任务总结	外观及座舱检查与维护总结:	

评 价 表				
项 目	评价指标	自 评	互 评	
专业技能	正确进行外观及座舱检查与维护	合格□ 不合格□	合格□ 不合格□	
	按照任务要求完成作业内容	合格□ 不合格□	合格□ 不合格□	
	完整填写工单	合格□ 不合格□	合格□ 不合格□	
工作态度	着装规范,符合职业要求	合格□ 不合格□	合格□ 不合格□	
	正确查阅相关资料和学习资料	合格□ 不合格□	合格□ 不合格□	
	目标明确,独立完成	合格□ 不合格□	合格□ 不合格□	
个人反思	完成任务的安全、质量、时间和5S要求,是否达到最佳程度,请提出个人改进建议			
教师评价	教师签字: 年 月 日	合格□ 不合格□	合格□ 不合格□	

2.前机舱检查与维护

任务名称	前机舱检查与维护		学　时		班　级	
学生姓名			学生学号		任务成绩	
实训设备、工具及仪器	智能网联汽车、绝缘手套、绝缘测试仪、万用表、工具车、安全防护用品		实训场地		日　期	
任务描述	本任务实施主要是对前机舱进行检查与维护,通过任务实施、评价及反馈,帮助学生查找问题,理论结合实践,完成任务					
任务目的	掌握前机舱检查与维护方法					
任务步骤	任务要点			实施记录		
任务准备	1.穿工作服,佩戴劳保用品; 2.严禁非专业人员或无教师在场的情况下私自对车辆进行操作; 3.实训场地封闭,消防器材布置合格; 4.实训过程中需要至少两人配合完成			是否完成:是□　　否□		
工具准备	智能网联汽车、工具车、安全防护用品					
车辆基础检查	1.检查智能网联实训车是否平稳放置; 2.检查智能网联实训车是否能够整车上下电			是否完成:是□　　否□ 是否完成:是□　　否□		
实施流程	1.外观检查; 2.线路连接检查; 3.绝缘检查; 4.功能检查; 5.防水检查; 6.智能网联汽车前机舱部件检查; 7.传统部件检查; 8.智能化部件检查; 9.网联化部件检查			是否完成:是□　　否□ 是否完成:是□　　否□ 是否完成:是□　　否□ 是否完成:是□　　否□ 是否完成:是□　　否□ 是否完成:是□　　否□ 是否完成:是□　　否□ 是否完成:是□　　否□ 是否完成:是□　　否□		
操作完毕	实训设备、工具及资料整理,场地清洁			是否完成:是□　　否□		
任务总结						

续表

评 价 表			
项　目	评价指标	自　评	互　评
专业技能	正确进行检查与维护	合格☐　不合格☐	合格☐　不合格☐
	按照任务要求完成作业内容	合格☐　不合格☐	合格☐　不合格☐
	完整填写工单	合格☐　不合格☐	合格☐　不合格☐
工作态度	着装规范,符合职业要求	合格☐　不合格☐	合格☐　不合格☐
	正确查阅相关资料和学习资料	合格☐　不合格☐	合格☐　不合格☐
	目标明确,独立完成	合格☐　不合格☐	合格☐　不合格☐
个人反思	完成任务的安全、质量、时间和 5S 要求,是否达到最佳程度,请提出个人改进建议		
教师评价	教师签字: 　　　　年　月　日	合格☐　不合格☐ 合格☐　不合格☐	合格☐　不合格☐ 合格☐　不合格☐

评价反思

3.底盘检查与维护

任务名称	底盘检查与维护		学　时		班　级	
学生姓名			学生学号		任务成绩	
实训设备、工具及仪器	智能网联汽车、绝缘手套、绝缘测试仪、万用表、工具车、安全防护用品		实训场地		日　期	
任务描述	本任务实施主要是对底盘进行检查与维护,通过任务实施、评价及反馈,帮助学生查找问题,理论结合实践,完成任务					
任务目的	掌握底盘检查与维护方法					
任务步骤	任务要点			实施记录		
任务准备	1.穿工作服,佩戴劳保用品; 2.严禁非专业人员或无教师在场的情况下私自对车辆进行操作; 3.实训场地封闭,消防器材布置合格; 4.实训过程中需要至少两人配合完成			是否完成:是□　否□		
工具准备	智能网联汽车、工具车、安全防护用品					
车辆基础检查	1.检查智能网联实训车是否平稳放置; 2.检查智能网联实训车是否能够整车上下电			是否完成:是□　否□ 是否完成:是□　否□		
实施流程	1.离合器检查与维护; 2.变速器检查与维护; 3.传动轴检查与维护; 4.差速器检查与维护; 5.驱动桥检查与维护; 6.制动踏板检查; 7.制动液检查; 8.制动片检查; 9.制动盘检查; 10.制动卡钳检查; 11.制动管路检查; 12.手刹检查			是否完成:是□　否□ 是否完成:是□　否□ 是否完成:是□　否□ 是否完成:是□　否□ 是否完成:是□　否□ 是否完成:是□　否□ 是否完成:是□　否□ 是否完成:是□　否□ 是否完成:是□　否□ 是否完成:是□　否□ 是否完成:是□　否□ 是否完成:是□　否□		
操作完毕	实训设备、工具及资料整理,场地清洁			是否完成:是□　否□		
任务总结						

续表

评 价 表				
项 目	评价指标	自 评		互 评
专业技能	正确进行检查与维护	合格☐ 不合格☐	合格☐ 不合格☐	
	按照任务要求完成作业内容	合格☐ 不合格☐	合格☐ 不合格☐	
	完整填写工单	合格☐ 不合格☐	合格☐ 不合格☐	
工作态度	着装规范,符合职业要求	合格☐ 不合格☐	合格☐ 不合格☐	
	正确查阅相关资料和学习资料	合格☐ 不合格☐	合格☐ 不合格☐	
	目标明确,独立完成	合格☐ 不合格☐	合格☐ 不合格☐	
个人反思	完成任务的安全、质量、时间和 5S 要求,是否达到最佳程度,请提出个人改进建议			
教师评价	教师签字: 　　　　年　月　日	合格☐ 不合格☐ 合格☐ 不合格☐	合格☐ 不合格☐ 合格☐ 不合格☐	

评价反思

参考文献

[1] 崔胜民.智能网联汽车技术[M].北京:机械工业出版社,2021.

[2] 程增木,康杰.智能网联汽车技术概论:彩色版配视频[M].北京:机械工业出版社,2021.

[3] 崔胜民,卞合善.智能网联汽车环境感知技术[M].北京:人民邮电出版社,2020.

[4] 李妙然,邹德伟.智能网联汽车技术概论[M].北京:机械工业出版社,2019.

[5] 宋传增.智能网联汽车技术概论[M].北京:机械工业出版社,2020.

[6] 许斗,刘学军.智能网联汽车智能座舱系统测试装调:初级[M].北京:机械工业出版社,2022.

[7] 李东兵,杨连福.智能网联汽车底盘线控系统装调与检修[M].北京:机械工业出版社,2021.

[8] 徐念峰,詹海庭.智能网联汽车智能传感器安装与调试[M].北京:机械工业出版社,2021.

[9] 冯亚鹏,徐艳民.智能网联汽车装调与测试:彩色版[M].北京:机械工业出版社,2023.

[10] 陈晓明,古风艺,张宪科.智能网联汽车装配与调试[M].北京:机械工业出版社,2024.

[11] 曹江卫,罗泽飞,朱良武.智能座舱系统调试与测试[M].长春:吉林大学出版社,2022.

[12] 崔胜民,卡合善.智能网联汽车导航定位技术[M].北京:人民邮电出版社,2021.

[13] 杨世春,曹耀光,陶吉.自动驾驶汽车决策与控制[M].北京:清华大学出版社,2020.

[14] 黄浴,杨子江.自动驾驶系统开发[M].北京:清华大学出版社,2020.

[15] 吴荣辉,吴论生.智能网联汽车概论[M].北京:机械工业出版社,2022.

[16] 付梦印,杨毅,宋文杰.陆上无人系统行驶空间自主导航[M].北京:北京理工大学出版社,2021.

[17] 李柏,张友民,彭晓北.自动驾驶决策规划技术理论与实践[M].北京:中国铁道出版社,2021.

[18] 崔胜民.智能网联汽车自动驾驶仿真技术[M].北京:化学工业出版社,2020.

[19] 王建,徐国艳.自动驾驶汽车概论[M].北京:清华大学出版社,2023.